U0640217

全民阅读·经典小丛书

优雅妆容

冯慧娟 / 编

吉林出版集团股份有限公司

图书在版编目（CIP）数据

优雅—妆容 / 冯慧娟编 . —长春：吉林出版集团
股份有限公司，2016.1（2024.1重印）
（全民阅读·经典小丛书）
ISBN 978-7-5534-9995-6

Ⅰ . ①优… Ⅱ . ①冯… Ⅲ . ①女性—化妆—基本知识
Ⅳ . ① TS974.1

中国版本图书馆 CIP 数据核字 (2016) 第 031475 号

YOUYA ZHUANGRONG

优雅—妆容

作　　者：	冯慧娟　编	
出版策划：	崔文辉	
选题策划：	冯子龙	
责任编辑：	刘　洋	
助理编辑：	邓晓溪	
排　　版：	新华智品	
出　　版：	吉林出版集团股份有限公司	
	（长春市福祉大路5788号，邮政编码：130118）	
发　　行：	吉林出版集团译文图书经营有限公司	
	（http://shop34896900.taobao.com）	
电　　话：	总编办 0431-81629909　营销部 0431-81629880/81629881	
印　　刷：	北京一鑫印务有限责任公司	
开　　本：	640mm×940mm 1/16	
印　　张：	10	
字　　数：	130 千字	
版　　次：	2016 年 7 月第 1 版	
印　　次：	2024 年 1 月第 3 次印刷	
书　　号：	ISBN 978-7-5534-9995-6	
定　　价：	39.80 元	

印装错误请与承印厂联系　电话：18611383393

女人的魅力来自优雅

你有没有见过一种女人，她眼睛不够大，但眼神很美；脸蛋不够靓，但神态很美；身材不够好，但举止很美。这样的女人无论走到哪里，都会给人留下难忘的印象，让人觉得她很美、很特别、很有魅力。可仔细想想，你又说不出她到底美在哪里。

而这种魅力就来自优雅。优雅是一种感觉，一种气质，一种最能打动人心的力量。优雅的女人可以长得不美，可以不穿名牌时装，但她们很会打扮自己，很懂得怎样让自己看起来很美。

西方流传着这样一句话："当上帝创造男人的时候，他只是个教师，在他的包里只有理论课本和讲义；而在创造女人的时候，他却变成了艺术家，在他的包里装着画笔和调色板。"女人是上帝精心创造的艺术品，美丽和优雅是女人的标志，也是女人与生俱来的权利。而当女人从上帝手中接过画笔和调色板，开始精心描绘自己时，妆容便诞生了。

没错，女人需要化妆，要知道一个男人对着一张精致的脸说话，要比对着一张粗糙的脸说话耐心得多。

在这里，需要提醒你的是，化妆可不仅仅是脸面功夫，还包括衣着、发型、配饰等多个方面，若只将注意力放在脸上，那就大错特错了。你必须时刻牢记，精致的脸蛋、完美的发型、得体的衣着、恰当的配饰是密不可分的，忽略了任何一项，你的美都会大打折扣。

现在，我们将向你传授最个性化的妆容技巧，告诉你如何发现自身的美，如何把这种美放大突显出来，让自己看起来很美、很有魅力。

好，让我们的优雅人生从妆容开始吧！

目录
CONTENTS

优雅—妆容

目录
CONTENTS

优雅—妆容

优雅，
从妆容开始

世上没有丑女人

　　我并不是一个十分美丽的女人，但很多人称赞我很美。我知道，称赞女人美大多是出于一种礼貌，所以很多时候我并不以为意，但真正触动我的是女儿的幼儿园同学。女儿简上幼儿园的时候，丈夫负责早上送，我负责晚上接。我每天下班去接她的时候，总有等待父母的小朋友眼巴巴地看着我们走出园门。有一次，简回头说"再见"的时候，有个混血小姑娘从栏杆后跟我说："阿姨，你很美！"这也许只是小孩子的天真之语，我心里想。但后来又有一些小朋友说过类似的话，简为此在班上很自豪。

　　后来，简上了小学，她自己乘校园巴士去学校，周末和假期的时候常带同学到家里玩，并要我开车带他们去游乐园。再后来，简趴在我的耳边告诉我："妈妈，我的同学觉得你很美！"那时候我已经30多岁了。简上中学的时候拒绝我再去她的学校，青春期的她怕我抢了她的男朋友。我告诉她："你很美，你有一种你的妈妈抢不走的美。"

　　我想，我的美更多的是一种味道，一种感觉，用我朋友的话来说就是"优雅"。而这种优雅的韵味并不是化一次妆或者去一次美容院就能得到的。很多女人写信求助说："我怎么才能变得像你一样优雅呢？我怎样才能拥有你的那种味道呢？"对前一个问题，我想认真地予以回答；对后一个问题，我却觉得很好笑：你为什么想拥有别人的味道呢？举个例子来说吧，你觉得玛莉莲·梦露很美丽，如果变成她的样子，你就会极为幸福；而玛莉莲·梦露却会想："我觉得嘉宝的眼睛很美丽，我要能有她那样的眼睛该多好啊！"如果嘉宝的眼睛真的挪到了她的脸上，并不见得合适。我当年在竞聘主持人的职位时，令我脱颖而出的关键因素是——"一看你就知道你与众不同"，这是主考官的原话，他没有夸我外表多靓丽，也没有说我有某个明星的嘴巴。这种经历帮我树立了一种观念：女人，羡慕别人的美丽常常是无知的，而刻意模仿别人则无异于自杀。是的，你不需要羡慕他人，将上帝赐予你的那种美充分地展现出来就足够了。

我可以毫不夸张地说，世界上根本就没有丑女人，每个女人都有一种属于自己的独特的美，当她用心将这种美演绎出来时，便拥有了迷人的优雅气质，而她的人生也必将优雅而美丽。

　　你注意到了吗？如果你无意中看到一个女人，她的眼睛不够大，但眼神很美丽；她的脸蛋不标致，但神态异常美丽；她的身材不够完美，但仪态和举止非常美丽，而且这种美还常常引起你心灵的触动，那种感觉就像被别人拿小锤子敲了一下。这就是优雅的力量。你有没有想过，自己有一天也可以变得如此优雅呢？

阅读分享　趣味测评　图文资讯　拓展视频

微信扫码

你可以不美，但可以看起来很美

　　现实生活中，我们必须看到一个事实，女人们可不像荧幕上的那样个个漂亮。相貌出众的女人只是很少的一部分，相貌平平的女人才是大部分。作为相貌平平的女人，你不必失望，也不必埋怨父母，只要心态积极一点儿，手脚勤快一点儿，再加上一点儿打扮的技巧，那么你与生俱来的那种美就会迷人地显现出来了。

　　心态积极、手脚勤快是美的前提，我不相信自卑而又懒散的女人能拥有公主一般高贵而优雅的美。同时，如何装扮自己也是一门需要认真学习的功课。沃利斯·辛普森夫人被誉为世界上衣着最佳的女人。资深时装评论家黛安娜·弗里兰说："不仅是她的品位，还有她那无法抵挡的优雅气质，改变了那个时代的时尚品位。我觉得沃利斯真实、自然、与众不同。她并不美，但她知道如何使自己看起来很美。"看，这就是装扮的艺术。优雅女人可以不浓妆艳抹、不穿名贵品牌，她们懂得怎样让自己出色而得体，怎样让自己看起来很美。

　　我的观点是：女人如花，随着年龄的增长，女人的美丽也在变化。懂得装扮自己的女人，会终生魅力不减；不懂得装扮自己的女人，其魅力便会大打折扣。所以，一个真正爱美的现代女性，首先应该知道美是真实的、健康的、由里及表的。只有在身体健康、心情愉悦的基础上进行必要的修饰和装扮，才能得到表里如一、令人赏心悦目的美，才能成为一个魅力无穷的优雅女人。

阅读分享　趣味测评　图文资讯　拓展视频　微信扫码

优雅的妆容

● 化妆：不仅仅是脸面功夫

化妆是一门真正的艺术，它的技巧很简单，但化出来却可以千人千面。

在讲化妆的技巧之前，我想先说说两种女人对待化妆的不同态度：

第一种女人酷爱化妆。这背后有两种心理：其一是她们觉得化妆后自己会更精神、更美；其二是她们缺乏安全感，觉得没有化妆，就好像没穿衣服一样，"赤裸"着面部让她们根本不敢出门。

第二种女人不喜欢化妆。她们有的喜欢素面朝天、清清爽爽的感觉，相信不化妆的微笑会更纯洁美好，不化妆的面容会更自然，这样的女人很自信；有的女人根本没有注意到这方面，她忽略了自己的美，也没有想过自己可以变得更美，这种女人大多生活在精神世界中，或者痴迷于一种与美丽无关的领域。说真的，我很羡慕这些女人，因为她们被化妆品商掏走的钱很少。

对于不喜欢化妆的女人，我有一个建议：如果你的年龄已经超过30岁，最好还是化点妆，因为它最起码可以掩盖一下你脸上细碎的皱纹，让你显得更年轻、更漂亮，也

更招人喜爱；如果你做着一份需要经常抛头露面的工作，你一定得化点妆，且不谈尊重别人，这首先可以增加自己成功的机会，因为这毕竟是个男性主导的社会，而男人总是喜欢美丽的女人；如果你过分沉浸在自己的领域中，你最好也化点妆，它至少可以提醒你自己还是个女人，这样有助于把自己嫁出去或者维持稳固的婚姻关系。

看着今天化妆品行业的兴旺发达，我相信绝大部分女性还是喜欢化妆的。各种时尚杂志和女性杂志都开辟版面，教女人们怎样化妆。

化妆的技巧其实很简单，我在后文中还会详细讲到，这里我想提醒大家的是，化妆可不仅仅是脸面功夫，还包括衣着、发型、配饰等多个方面，若只将注意力放在脸上，那就大错特错了。你必须时刻牢记，精致的脸蛋、完美的发型、得体的衣着、恰当的配饰是密不可分的，忽略了任何一项，你的美都会大打折扣。

● 保养：美丽的幕后英雄

保养是美丽的幕后英雄，但是很多爱美的女人都没有学会如何正确地保养自己。

举个例子来说吧！如果我给尼娜500美元要她花完，她首先选择去逛商场，拿出300美元在香奈尔的专柜买了一支"青春活力精华霜"、一管"平衡保湿乳霜"和一小支"修护眼霜"；走出商场后，她又进了一家美容院做了一次例行的面部护理，这样又花了150美元；快回到家的时候，她在附近的便利店买了一周的食品，有咖啡、香肠、快餐面以及速冻食品，而这些总共才花了50美元——刚好把

我给她的钱花完。在很多女性眼里，尼娜是一个会保养的女人，我知道很多女性会做出与尼娜同样的选择，而尼娜自己也认为这么做是对的。而我的答案却是否定的。

　　另一种女人，我的同事艾米，她没有那么多的护肤品，不经常光顾美容院，但她的皮肤却很细腻，气色也很红润；她选择吃健康的食品、补水、做塑身运动，每周还会在家中给自己调制两个面膜。而我则会跟艾米说："你真会保养，快把你的秘诀透露出来，让我也来分享一下吧！"

　　其实，人和植物有很多的相似性。我们同属于地球上的生物，需要空气、阳光和水分，我们还需要各种养料，不同的是，植物从根部吸收，而我们从口中摄入。我从花园里移了两盆玫瑰到阳台上，起初的时候两棵玫瑰的长势是一样的，后来就发生了变化：一棵长得枝繁

叶茂，另一棵却长得干干巴巴。看着长得碧绿茂盛的那一棵，我会想："这棵玫瑰养料吸收得好，要不了多久就会抽出花骨朵。"而看着另一棵，我又想："这一棵缺乏营养，我得多施施肥、浇浇水，不然不知得等到何年何月才能开花！"犹如鲜花需要阳光、空气、水和肥沃的土壤一样，一个美丽的女人90%的养护也是来自内部，这其中包括充足的水分、维生素、膳食纤维、充足的睡眠、良好的心情、适当的运动，等等。这样的女人才可能有充足的活力，才可能保持较长时间的美丽，才有可能最大限度地延缓衰老。然而大部分女人都喜欢依赖外部的力量使自己变得美丽。因为保养不会立刻见效，而且保养的内容又非常复杂，包括饮食调节、健身运动等诸多方面。很多女人或者因为懒，或者没有时间、缺乏正确的认识，都把任务推给保健口服液、护肤品和美容院了，结果各种昂贵的保养品都试过了，却只会增加皮肤和健康的负担，弄得它们越来越难伺候。

"嘿！照你这么说，我们是不是就不该买护肤品了？"有人会心存疑问。我的答案是："不。"

你应该买护肤品，但是要恰当地使用。现代城市的污染让我们不得不用一些隔离霜；过于干燥的空气会使细胞过早地脱水、死去，我们需要用一些保湿的东西；过强的阳光又会灼伤女性的柔嫩肌肤，引起细胞组织的变异，引发皮肤损伤和疾病，所以我们要用防晒霜；人体分泌的过多油脂用清水很难除去，不除去又会阻塞毛孔，引发毛囊炎或皮下丘疹，所以我们需要用洁面乳和沐浴露……这些都是我们离不开的外用保养品，只是注意别让这些保养品成为你调理身体的主角。

那我们应不应该去美容院？我的答案是："这得看情况而定。"上帝为男人创造了女人，又为女人创造了美容院。那可是一个极其舒服的地方，很多女人在做美容的时候，觉得非常放松，不知不觉就睡着了。如果你已经30岁了，我建议你每周去一次那种地方——岁月不饶人，你得阻止皮肤的衰老。如果你不愿意去，也可以自己在家里做——只要不

太懒的话。家里的设备可能不如美容院的齐全，但基本护理是用不上什么设备的。你可以把厨房的橄榄油滴几滴到浴缸里，也可以按照"自己动手"图文书的指导给自己调制一个纯天然的面膜。这个过程不但发挥了你的创造性，也增加了女性的生活情趣。对于30岁以下的女性，除非你未老先衰或在毒素很多的环境下工作，一般来说，在家里自己做做护理就可以了。说起来你也许不相信，在31岁之前，我从未去美容院做过护理，我都是自己在周末或晚上做，

而且当时我的任务比你的艰巨：我必须每周三次化上浓妆在镜头前录制节目。

很多人觉得我很会化妆，而我要透露的却是：保养才是美丽的幕后英雄。

现在，你知道有些女人为什么会拥有健康的气色、好的皮肤和精神气质了吧？让我们再回到尼娜手中的500美元吧，如果我把它给了你，你会怎么花？我希望你给我的答案是："用450美元来调养身心，用50美元购买护肤品。"

● 整容：不到万不得已别去尝试

整容包括隆鼻、丰唇、腹部吸脂等诸多项目，最初的时候，它是女人万不得已的美容手段，现在却是很多女性追随风尚的法宝。

20世纪80年代，我曾经看过一部印度电影：一位相貌平庸的女人死了丈夫，自己带着两个儿女孤独地生活，于是有人劝她再找一位丈夫。她听从了这个建议，和一个男子结了婚。不幸的是这个男子并不喜欢她，他喜欢的是另一个美丽的女人；他之所以娶她，是因为她很富有——她的父亲是印度的一个庄园主，死时留给了她一大笔遗产。作

为丈夫，他可以合法地占有她的家园，继承她的遗产，当然，前提是这个女人得死掉。他处处用计，终于有一天在瀑布下划船拍照的时候，把这个女人推进了潭里。几只凶残的鳄鱼游过来，把可怜无辜的女人卷入水下。如果这个女人死了，所有的故事就都结束了，接下来也就没有了令我震撼的整容产生的奇迹。事实上，这个女人没有死，她被瀑布的激流冲到了岸边后被一个老人救起，但她的脸被鳄鱼毁了。庆幸的是，她手上还有一枚戒指，上面镶着一颗十克拉的钻石。后来她变卖了钻石，飞到国外去整容，回来后成了一个绝色美女，被她的丈夫看中。最后，她杀死了这个可恨的男人，夺回了家园，但两个儿女却认不出她了。

这部片子给我的印象很深，因为它用电影的夸张手法展示了整容创造的奇迹。整容近年来越来越为广大的女性所喜爱——它迅速、有效，与其苦恼很多天，不如做个整容手术把一切全改变。很多明星在这方面也做了表率，从多年前的迈克尔·杰克逊到韩国明星金喜善，都起到了引领风尚的作用。

我的建议是不论明星们怎么做，你在做决定的时候还是要三思而后行，问自己几个问题：我做手术是为了有个明星脸、明星身材，还是身体

的某个部位真正需要治疗和改变？如果是前者，我建议你打消这个念头，因为它太盲目了，总有一天你要后悔——那时却无法挽回了，因为身体和容貌可不是衣服，过时了可以改改再翻新。此外，当你觉得真正有部位需要改变的时候，也还要在脑子里勾画一下手术之后的样子：它真的会比现在美吗？我20岁的时候，曾对我的鼻子极不满意，我觉得我的鼻梁有点儿

扁，鼻尖又有点儿翘，我想让它挺拔一点儿，翘尖再去掉一点儿，这样我就会有一个完美的鼻子了。我的第一任男友劝阻了我，他说他喜欢的正是我的扁翘鼻子。当我29岁的时候，我明白了：正是这个翘鼻子让我不那么呆板。我的气质有点儿高雅，这个鼻子却很俏皮，它使我整个人有了三分灵动；随着年龄的增长，这份灵动也就越来越可贵了，它让我显得年轻而亲切。

现在的整容技术比我那会儿先进多了，但是我还有一个提醒：即使你已经买了保险，还是得考虑整容的风险。有时候手术会出现意外，结果弄巧成拙，保险公司会出面安慰你，但那是物质安慰。在这个时代，我们的物质生活已不是那么匮乏，几万元可能不会让你高兴两个星期，而精神的痛苦却可能追随你一生，这个代价未免太高昂了。

最后你还得考虑一下健康的问题。现代女性为了苗条，会去进行皮下抽脂；为了丰胸，不惜往乳房里注入硅胶。这种做法的效果立竿见影，让你美上三五年。但三五年之后会怎样？我想你怎么对待自己的身

体，它就会怎么对待你。我读过一篇报道：一位60岁的美国女士在20世纪70年代末做了硅胶填充手术，从手术台上下来时，她确实有种脱胎换骨的感觉。她至今还珍藏着当年刚刚整容后的美丽照片，那时的她有着美得无懈可击的眼睛和双颊，的确光彩照人。仅一年后，她的面部就病态百出了——皮肤失去弹性，刀口处露出小块的硬斑，眼眶凸了出来；最为严重的是，面部开始溃烂。现在的她戴着假发，眼睛后装了金属支架，只有半边嘴可以动。她为此失去了丈夫，又花了45万美元，做了45次大小手术，花光了全部积蓄。

近日，《泰晤士报》的一篇文章揭露出美国美容业的惊人黑幕：该报记者在洛杉矶好莱坞附近的小巷里暗访时，发现一个没有从医执照的美容师堂而皇之地开着美容院，而且顾客盈门。据调查，这种现象在洛杉矶及整个美国西部都很常见。它们的服务对象多是中产阶级女性，除了例行护理外，做得最多的就是硅胶整容——将硅胶填充到顾客所需的任何地方。

如今，美貌至上的观念早已渗入女人的血液，许多女人仍然被美丽的神话牢牢拴住，并为之铤而走险。我想跟大家说的是："我们要美丽，更要有质量的生命。"所以，对于整容这种美容方式，我的看法是有用，但要慎用、少用。

优雅人生从今天起步

"魔镜，魔镜，请你告诉我，谁是这世界上最美丽的女人？"很多年前读过的一篇童话就告诉我们：当个最美丽的女人，是多么多么重要。后来，我读了《荷马史诗》，其中有一句话描写古希腊最美的女人海伦的美丽："她的美让老人都肃然起敬。"惊艳？端庄？惊艳中带着端庄？我很难想象出她的美到底是什么样子，反正是很美很美的了。

回到我们现实的世界：简小的时候，爱穿漂亮的裙子，要我给她扎漂亮的辫子和蝴蝶结，她喜欢大人们夸她是个漂亮的小女孩；我同父异母的妹妹碧泽则喜欢别人赞美她是个美丽的女人；而我的婆婆——恕我不能把她的年龄透露给你，你可以猜出个大致——现在正努力地留住青春。看来，说美丽是女人的终生追求可一点儿都不假。如果我们再给美丽注入内涵，增加品位，那无疑就是优雅了。没错，优雅是女人一生的必修课，也是精致女人的特质。

可爱的女人想方设法地装扮自己，就是为了拥有美丽的容颜、优雅的气质。至于优雅的背后隐藏着什么目的：是想吸引住丈夫、情人，是想走上电影银幕，是想给上司留个好印象快快加薪，还是仅仅为了取悦自己？这些我在此都不讨论。我只想告诉你们：要想拥有优雅的人生，必须抓住今天，从今天开始动手保养皮肤，从今天开始学习化妆技巧，从今天开始让自己一点点变美，一点点变优雅……是的，你也可以拥有一个优雅的人生，得到你所期盼的，实现你所梦想的，但你必须从今天开始行动。因为，懒女人与优雅无缘。

阅 趣 图 拓
读 味 文 展
分 测 资 视
享 评 讯 频

微信扫码

优雅人生第1步
呵护你的身体

身体是美丽的载体，没有了健康的身体，一切美丽都无从谈起。

身体是美丽之树的根基。所以，呵护你的身体便是美丽的基础，也是优雅人生的第一步。

美不美是第二位的，你至少要保证自己是健康的，这才谈得上享受生活、享受生命。躺在病床上，还想着让自己美丽的女人确实是有，但却是少数。简生病的时候，总是问我："妈妈，我什么时候才能好起来？"而不是说："我额上起了一个痘痘，好丑呀！"如果我生病了，我宁愿别人来分担我的病痛，而不是待在床边一个劲儿地称赞我美丽。一切以损害健康换来的美丽都是暂时的，所以你不要过度疲劳，盲目地节食，轻率地整容，并滥用有毒素的护肤品。

在健康的基础上，你可以再进行形体的塑造。你可以通过适当的运动来锻炼局部的肌肉，练出健美的胸部、纤细的腰部、平坦的腹部、浑圆的臀部。因为要追求健康，你就不会让自己肥胖或瘦弱到引发疾病的地步。此外，这样还能避免一种困扰：到底该追随哪种审美标准呢？胖一点儿好还是瘦一点儿好？一切以你自己的健康为标准，这就是最自我、对自己最负责的美丽方式。也只有这样，你才能拥有优雅的人生。

形体的塑造反过来又会促进你的健康。为了塑造形体，你不仅会加强锻炼，还会补充身体所需的各种营养，这必然带来饮食习惯的变化：你以前不喜欢吃青菜，而现在呢，每餐总希望吃下几片绿叶子或新鲜的草莓、西红柿；你以前可能喝水很少，而现在为了促进体内的新陈代谢和补充运动缺失的水分，每天喝掉两大杯水；你以前可能没有吃早餐的习惯，你习惯了晚餐吃得多，而现在为了避免细胞衰老、身体发胖而彻底改掉了这种坏毛病。

所以，要想拥有优雅的人生，首先必须拥有健美的身体。只有拥有了健美的身体，你的美、你的优雅才拥有了牢固的根基，才不会变成无本之木、无源之水。

阅读分享　趣味测评　图文资讯　拓展视频　微信扫码

休息：
留点时间给自己

　　有个生命垂危的人曾经写下这样一段话："如果生命可以重来，我不会那么刻意追求完美，我要多休息、随遇而安；如果生命可以重来，我要给自己更多的时间，享受每一刻、每一分、每一秒。"但是生命不会重来，我们只有抓住今生，多给自己一点儿放松的时间，多休息一下，才能更真切地体会生命的美好和人生的意义。对一个女人来说，留点时间给自己，就意味着优雅人生的开始。

● 倦容，优雅的大敌

倦容是优雅的大敌。我们很难想象，一个满面倦容的女人能拥有优雅的气质、迷人的笑容。然而对许多女性朋友来说，时间好像永远不够用，让自己放松下来好好休息一下似乎成了一种奢望。

一位职业女性向我抱怨说："我感觉累，我身上的担子一点儿都不轻松。很多时候我通宵达旦地工作，恨不得把一天变成48小时来用。"可是，你要知道，工作是做不完的，做完了这些，还会有更多的在等着你——这就相当于一个恶性循环。而工作，绝不应该是一个女人生活的全部。你必须让自己的节奏慢下来，慢下来……我曾经读过一首有趣的小诗，名叫《牵蜗牛散步》，想拿出来跟你一起分享：

上帝给我一个任务，叫我牵一只蜗牛去散步。

我不能走得太快，蜗牛已经尽力爬，每次总是挪那么一点点。

我催它、吼它、责备它，蜗牛用抱歉的眼光看着我，仿佛说："我已经尽了全力！"

我拉它、扯它，甚至想踢它，蜗牛受了伤，它流着汗、喘着气、往前爬。

真奇怪，为什么上帝要我牵一只蜗牛去散步？

"上帝啊！为什么？"天上一片寂静。

"唉！也许上帝去抓蜗牛了！"好吧！松手吧！

反正上帝不管了，我还管什么？

任蜗牛往前爬，我在后面生闷气。

咦？我闻到花香，原来这边有个花园。

我感到微风吹来，原来夜里的风这么温柔。

慢着！我听到鸟声，我听见虫鸣。

我还看到满天的星斗亮晶晶。

咦？以前怎么没有这些体会？

我忽然想起来：莫非是我弄错了？

原来上帝是叫蜗牛牵着我去散步。

可见，生命中有许多美好的事物等着你去发现。你能做的事情，除了工作，还有很多呢！这个不肯放，那个也难舍弃，只会弄得自己透不过气来。过快的生活节奏，过高的工作效率势必会让身心像根绷紧的弦，长期这样下去身体就会垮掉，又何谈美丽和优雅呢？所以，你必须找到自己的"蜗牛"，然后和它一起散散步。

● 牵着你的蜗牛去散步

有些朋友会说，我很想停下来休息一下，可是真的没有时间。是这样吗？不，你有时间，只是你还没有找到自己的蜗牛。下面，我就给你一些找蜗牛的具体方法：

找蜗牛的6个方法

■1.列出一份工作日程表，先将自己现在的所有工作项目和工作时间一一写明。

■2.考虑哪些可以完全放弃，或者至少暂时放弃。

■3.考虑哪些可交由他人或与他人合作完成。

■4.考虑工作时间有没有必要十分紧急。

■5.最后订出新的工作日程表，并请家人或同事给予监督。

■6.培养一些业余爱好，丰富业余生活。

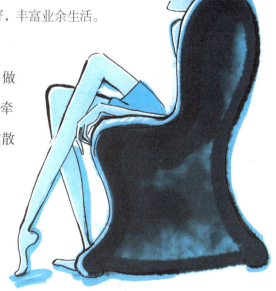

留点时间给自己，做点自己喜欢做的事情吧！牵着你的蜗牛，偶尔出去散散步、逛逛商场、度个假、看场电影、读两本书、睡个美容觉，给自己享用一下化妆品。我

想，女人的一生除了工作，还有很多东西值得花时间去品尝、去体验、去享受，为什么就不可以给自己留点时间呢？

一位累得疲惫不堪的女性大声宣布："我退休了！为什么呢？因为我有时候觉得自己像台机器在发疯地运转，想停下来都没有机会，只有硬着头皮向前冲。这太累了，所以我打算做一段时间的全职太太，瘦瘦身、美美容、陪陪孩子、种种花、养养草，再充充电。现在的我，无论是身体还是脑袋都快被掏空了。"

没错，人的身体就像一部汽车，开上几千公里就应该保养一次。生命是自己的，我们可以有多种选择。长期的疲劳工作不会提高工作效率和创造力，在自己还没有崩溃之前，牵着蜗牛出去散散步吧！

● 爬出家务的泥潭

有一些女性朋友在结婚以后，尤其是生过孩子以后，就不工作了，因为毕竟得照顾家庭，照顾丈夫和孩子。

几年前，我曾建议过家庭主妇不要全身心地投入到洗洗涮涮、购物烧饭、相夫

教子上面，而是必须有自己的娱乐休闲方式，必须注重外表的美丽和内心的情趣。因为家庭妇女并不是丈夫的附庸，也不是家庭的勤杂工，而应该是一个美丽温和的女主人。

后来，我收到一位名叫妮妮的12岁小姑娘的来信。她在信里写道，"妈妈最近变了，她说是你指导她改变的。以前妈妈带我和妹妹、弟弟出去的时候，她总是嫌我们拖拉。弟弟的鞋子穿反了，妹妹找不到她的眼镜和太阳帽了，而我——在洗手间里还没有大便完。妈妈总是不停地嚷嚷：'宝贝们，你们能不能快点儿，等我们到的时候商场就该关门了。'她这样嚷嚷了15分钟后我们才能叽叽喳喳地坐进汽车里，汽车驶出院子后，妹妹常常会发现她忘了带一样'最重要'的东西。妈妈只好停下来，说我们简直把她逼疯了。可是现在情况变了，不是妈妈等我们，而是我们等她了。"小姑娘话锋一转，"我们现在才知道等人的滋味有多难受。我和妹妹、弟弟、爸爸四个人都在车上待了二十分钟了，妈妈还在卧室里不出来。她在挑衣服，她穿了一件，不满意，再换一件，还不满意，再找一件。然后她还得扑扑粉，画眉毛，涂口红，试帽子，喷香水。我们从窗外向她大喊，她总是说：'就来了！就来了！'可她还是不出来。我们三个非常焦急，可爸爸一点儿都不着急，他趴在方向盘上说：'女人嘛……'我们非常生气，可妈妈说这是惩罚我们，谁叫我们以前老是让她等呢！不过我们喜欢这样的惩罚，因为她带我们出去得更勤了，而且爸爸有空的时候也会跟着我们一起去。我不知道是该感谢你还是不该感谢你，你跟妈妈说了什么，能告诉我吗？"

"小妮妮，等你长得和妈妈一样大了，我再告诉你吧！"我回复她道。

我非常高兴看到妮妮母亲身上的变化，如果你和她的处境类似，我有一条建议，可以帮助你从家务的泥潭中爬出来。

爬出家务泥潭的8个方法：

■ 1.把你要做的家务事写下来。

■ 2.把不必要的事情删除。

■ 3.考虑剩下的哪些可以统筹安排。

■4.考虑剩下的哪些可以借助外力——分配给丈夫和孩子。

■5.制订新的家务工作表——把每天的例行事务减到最少。

■6.留出打扮自己的时间。

■7.留出会见亲友的时间。

■8.留出业余爱好的时间。

　　按照上述八条逐一执行，你就会发现你有时间了，生命一下子似乎变得富足了。

饮食：
"吃"出美丽与优雅

饮食的重要性不言而喻。上百万的营养师每天都在思考该怎么建议人们合理地配餐，才能营养均衡且不会发胖；还有更多的厨师，每天想着该做出什么样的美味，让顾客流下馋涎；有更多更多的家庭主妇，每天想着怎么能够让丈夫、孩子吃得好。

除此之外，饮食的美容塑身功能也不容忽视，这种功能可不是昂贵的化妆品和保健品能够比拟的。你想既省钱又美丽吗？你想既享受美味又拥有优雅的身姿吗？那就让我们看下去吧！

● "吃"出漂亮脸蛋

生活中有句谚语，叫"吃什么长什么样"，意思是说你怎么吃就怎么长。简六七岁时，有一天问我："王后爱喝鸡舌汤，她会不会长成鸡舌的样子呢？"我这才想起以前给她讲过的故事："有个王后非常爱喝鸡舌汤，她每餐都要喝一碗，

一碗里要有100条鸡舌。"我在讲的时候，馋涎就在口里打转。而简却非常黯然："小鸡拔掉舌头就没法唱歌了。"

日前，英国的科学家们就呼吁女人要把自己吃得更漂亮。原来科学家们得出一个结论——人体的内脏与脸部的不同部位有特定的联系，内脏机能的好坏会在人的脸部反映出来，因而饮食对美容极为重要。而女人，只要注意，是一定可以吃出漂亮脸蛋来的。

美丽脸蛋的5项诊断

■ 1.如果额头皱纹增加，说明肝脏负担过重。此时禁沾酒，少食动物脂肪，而且每天至少饮3升水。

■ 2.如果眼圈发黑，眼神无光，则是肾脏负担太重。请少吃盐、糖，少喝咖啡，多吃小胡萝卜、白萝卜和蒲公英。

■ 3.如果脸颊发灰，说明身体缺氧，肺部功能不佳。应多补充绿色蔬菜，增加蛋白质、矿物质和膳食纤维的摄入。

■ 4.如果整个鼻子通红，那就说明心脏太累，应该立即放松、休息并戒烟，少吃含脂肪的食品。

■ 5.如果上嘴唇肿胀，这常常是由于胃痉挛的原因。土豆有暖胃的功能，多吃有利于嘴唇的美容。

● "吃"出娇嫩肌肤

食物除了能让脸蛋儿漂亮外，还能让女人拥有娇嫩的肌肤。在各种化妆品争夺女人钱包的今天，护肤有道者从不放弃对食物的兴趣，因为她们知道好肌肤主要是来自女人由内而外的养护，而不是单纯依赖护肤品。我自己也是这样做的，而且我敢肯定地说："如果你坚持吃一个月如下食物，你的肌肤将比你用掉一整瓶新活霜还要好得多。"

肌肤爱吃的10种食物

■ 1.西兰花。富含维生素A、维生素C和胡萝卜素，这些营养素能增强皮肤的抗损伤能力，有助于保持皮肤弹性。

■ 2.胡萝卜。其所含的胡萝卜素有助于维持皮肤细胞组织的正常机能，减少皮肤皱纹，保持皮肤润泽细嫩。

■ 3.牛奶。它是皮肤在晚上时最喜爱的食物，能改善细胞活性，延缓皮肤衰老，增强皮肤弹性，消除小皱纹。

■ 4.大豆。富含维生素E，它不仅能破坏自由基的化学活性，抑制皮肤衰老，还能防止色素沉着。

■ 5.猕猴桃。富含维生素C，它可干扰黑色素生成，消除皮肤上的雀斑。

■ 6.西红柿。富含番茄红素，它有助于展平皱纹，使皮肤细嫩光滑；常吃西红柿还不易出现黑眼圈，而且不易被晒伤。

■ 7.蜂蜜。富含氨基酸、维生素及糖类，常吃可使皮肤红润细腻，有光泽。

■ 8.肉皮。富含胶原蛋白和弹性蛋白，这些营养素能使细胞变得丰满，减少皱纹，增强皮肤弹性。

■ 9.三文鱼。富含脂肪酸，它能消除破坏皮肤胶原和保湿因子的生物活性物质，防止皱纹产生，并避免皮肤变得粗糙。

■ 10.海带。含有丰富的矿物质，这些矿物质能够调节血液中的酸碱度，防止皮肤分泌过多油脂。

● "吃"出丰胸、细腰、翘臀

食物的美容功能令人惊诧，而它的塑身功能更不容忽视，譬如说丰胸、细腰、翘臀等。

一个女人，要想拥有丰满坚挺的性感双峰，从十几岁青春期就应该注意饮食。到了三四十岁以后，除了持续运动外，还需要注意饮食，才能保持胸部美丽健康。我的好朋友妞玲去超级市场的时候，每次都会搬回一大堆丰胸食品，据说这可是她祖母传下来的丰胸秘方哦！

最有效的丰胸食物

■ 1.木瓜、鱼及鲜奶等富含蛋白质的食物，均可丰胸。

■ 2.黄豆、花生、杏仁、芝麻及粟米等都是有效的丰胸食品，不妨多吃。

■ 3.橙子、葡萄、西柚及西红柿等富含维生素C的食物，可防止胸部变形。

■ 4.芹菜、核桃及红豇豆等富含维生素E的食物，有助于胸部发育。

■ 5.椰菜、椰菜花及葵花子油等富含维生素A的食物，有利于激素的分泌。

■ 6.牛奶、牛肉、豆类及猪肝等富含维生素B的食物，亦有助于激素的合成。

无论是否生过孩子，女人都不喜欢腰部有一圈松松颤颤的赘肉。我刚生简时，用软尺量了一下腰部，吓了我一大跳，胖了很多。这该怎么办呢？我尝试了一段时间的节食，但没有毅力坚持下来。于是工作的时候，我只能拼命地吸气、吸气，把腹部缩紧，以便塞进裙腰里。曾在全美食品和药品管理局工作过的营养学专家艾娃·柯看出了我的尴尬，给了我一份建议：

艾娃的细腰秘方

■ 最佳饮料：水

不含卡路里，同时会产生饱胀的感觉，喝水后饮食就会减少。当你饮用冷水时，还可以因为肠胃加热冷水而帮助燃烧体内的卡路里。

■ 最佳食品：豆类和浆果类

白豆、黑浆果、干杏和冬季南瓜都

是高纤维的食品，能促进消化，不让脂肪

滞留。

■ 最佳饮食习惯：少摄入热量

一些意大利人喜欢在他们的比萨饼上加一

点儿番茄、紫苏和橄榄油，而不喜欢多放奶

酪和意大利香肠。他们喜欢把水果作为零

食，很少多吃冰激凌。良好的饮食习惯

对保持好身材大有益处。

艾娃真是帮了我的大忙，

我只胖了两个月。很多人觉得很好

奇："你是怎么恢复的呢？"秘方就是

艾娃传授的瘦身秘诀，不论你是刚满20岁的

妙龄少女，还是已经40岁的女人，只要你希望

夏天的时候可以把肚脐露出来，冬天的时候可以

到海滨去晒太阳，你就应该尝试一下。

对饮食塑身颇有研究的詹妮则给我提供

了吃出翘臀的方法，如果你认识她，你会发

现詹妮本人也是一个翘臀美女呢！

吃出翘臀的4个原则

■ 1.减少动物脂肪的摄取。它让人容易疲劳，也会让脂肪囤积于下半身，造成臀部下垂。

■ 2.以豆类或是热量低且营养丰富的海鲜为主食。

■ 3.多吃南瓜、红薯和芋头，其所含的膳食纤维可以促进胃肠蠕动，减少便秘概率，进而打造出纤瘦且健美的下半身。

■ 4.不要忽略了对营养素的选择，多吃蔬菜、水果等含钾丰富的食物。因为日常饮食中含钾量不足容易导致下半身臃肿。

为什么女人要拥有翘臀呢？亨利·米勒在《北回归线》中提到：

"我看到她每晚坐在那儿，圆滚滚的小屁股陷在柔软的沙发里，简直令我疯狂。"19世纪最善于描绘后街女性的画家罗特里克笔下的美臀一律是粉白浓腻、丰腴圆满，与温香软玉的大腿相连。美国一个男人的话流传很广："我愿意一辈子跟在詹妮弗·洛佩兹的屁股后面……"可见，臀部是对男人有致命吸引力的部位，你必须对它加以呵护，让它为你的性感魅力加分。

运动:
给优雅注入活力

有一句众所周知的名言:"生命在于运动。"对一个女人来说,运动是保持美丽、留住青春的绝妙法宝。让生命"动"起来,不但会令你拥有娇美的容颜和玲珑的躯体,更会给你的优雅人生注入活力。亲爱的,健康、优雅、动感、活力,你想同时拥有吗?那还等什么,一起来做运动吧!

● 动感美脸术

说起我自己,我最怕大家说:"你看,你看,她是不是有40多岁了,她的腮都有点儿下垂了。"岁月是挡不住的,每个女人都向往有一张年轻、富于弹性且永不松弛的脸蛋,但是只要地球的吸引力存在,肌肤就会不可避免地随着年龄的增长而松弛。幸运的是,还没有人这样说我(也许有人这么说,但是我没听到的可不算),因为我平常非常注意保养自己的脸部。我的工作需要我经常抛头露面,而大家在接受我的美容建议之前,总会先看我的脸蛋。我希望给别人留下一个好印象,因此平常很注意缩紧脸部的线条,不让肌肉松弛。现在我把自己的脸部运动方法拿出来与你分享，只要每天早晚各做一次，一个星期你就会明显地感觉到效果。

运动出弹性美人脸

■ 下巴操

闭上嘴巴，尽量向右侧移动下巴，同样再往左侧移动。左右各1次为1组，共做8组。

■ 牙齿操

尽量慢慢将嘴巴横向张开，张开至最大后停10秒钟。然后闭上嘴巴，用力咬紧白齿后，不用力停10秒。

以上为1组动作，重复做8次。

■ 舌头操

一面用指尖压住下巴，一面舌头尖端用力，尽量伸出舌头。然后将舌头往左下方移动，此时嘴巴的肌肉若变硬就可以了，接着往右方旋转。旋转一圈为一组动作，保持这样重复8次。

如果你觉得这样做很滑稽或很丑，可以拿开镜子或到一个丈夫、孩子看不到的私人房间去做。毕竟丑或滑稽只是几分钟，美丽却可以长驻十几年。

● 动感美胸术

2003年，《男人帮》杂志进行的"最引人注目的胴体"评选中，拉丁天后詹妮弗·洛佩兹排名第六，这得益于她那丰腴的胸部——真是性感到了极致。而有性感女神之称的意大利模特兼演员莫妮卡·贝鲁奇则拥有非常圆润的胸部，这衬托得她的曲线凹凸有致，即使她有着冷若冰霜的气质，也性感得令人无法抗拒。虽然不是每个女人都能像詹妮弗和莫妮卡那样，但拥有美丽的胸部总会给女人带来骄傲。很多女人为了丰胸，拼命地去做手术，注射东西，弄出人造效果来。其实，胸部不是越大越美，过大的胸部反而会让身体比例失调，显得人头重脚轻。此外，它还会给你带来一系列的穿衣麻烦——你总得把它塞进去啊！所以，我强调的是一种健康的、美丽的胸，它也许并不太大，但挺拔、娇翘、富有弹性。只要你平时养成做一些运动的习惯，拥有这样健美的胸部也毫不困难。

练出美丽胸脯

■3个姿势

走路时：要保持背部挺直，并且收腹、提臀，将重心集中在上身。

坐下时：要挺胸抬头、伸直腰板，切勿佝偻着身子，一副没精打采的样子。

休息时：宜以侧卧或仰卧的姿势睡觉，不宜俯卧，以免挤压胸部。

■5种运动

躺：仰卧在床上，上半身抬起，双手交替做划水动作。

坐：双臂前伸，双

肘弯曲，双手相握并用力向前推，从1数到6后，再放松双手。重复5次。

深呼吸：呼气时含胸，吸气时挺胸，交替进行5次。

游泳：水对乳房和胸廓有按摩作用，能够促使乳房更加丰满且富有弹性。

日光浴：日光的温和刺激，能增加乳房的韧性和弹性。

对于那些在办公室工作的职业女性，每天也完全可以抽出工作空当做两个小姿势，一方面放松身心，另一方面美丽胸部。

办公室美胸操

- ■ 腰、背挺直贴在椅背上，把双手置于膝盖上，然后举起双手到垂直位置，再将头、手尽量向上伸，但腰部必须保持挺拔。
- ■ 身体站直后，举起右手，向上伸直，右脚则向下伸展；持续5秒钟之后，换为伸展左手左脚，将身体尽量伸直，左右轮流伸展各5次。

休息时练习一下，坚持一段时间就可以看到效果。

● 动感美腰术

美丽的胸部下面就是腰肢，没有腰部的纤细柔韧也衬不出胸部的高耸玲珑。詹妮弗和莫妮卡离开了小蛮腰也甭想吸引住男人的眼球。拥有细腰几乎是每个女人的梦想，为此，女人们拼命地控制饮食，不敢多吃一点点。其实，要想拥有细腰的最实际的做法就是运动，只要动作到位，并结合饮食瘦腰，一个月就能取得明显效果。瘦腰的食物我在前面已经讲过了，此处只介绍一下如何利用运动来塑造迷人的细腰。

做个迷人"小腰精"

■ 简单收腹运动

这个运动虽然简单，但非常有效：躺在地上伸直双脚然后提升，放回，不要接触地面。重复做15下。每日3次至4次，每次15下。

■ 仰卧起坐练正腹肌

身体平躺，膝盖屈曲成60度，用枕头垫脚；右手搭左膝，同时抬起身到肩膀离地。重复做10次，然后换手再做10次。

■ 呼吸练侧腹肌

放松全身，用鼻子吸进大量空气，再用嘴慢慢吐气，吐出约7成后，屏住呼吸。收缩小腹，使气上升到胸口上方，再鼓起腹部将气降到腹部。将气提到胸口，降到腹部，再慢慢用嘴吐气。重复做5次，共做2组。

■ 转身练内外斜肌

左脚站立，提起右脚，双手握拳用力扭转身体，左手肘碰右膝，左右交替进行20次。

● 动感美臀术

如果你在书桌前坐得很久，或坐在沙发上看电视时间太长，你臀部的肌肉

就会松弛，慢慢地堆积起脂肪，失去弹性。从世界范围来看，欧美人的臀部往往偏大，尤其是女人，由于开车多、运动少，身体很容易就成为纺锤形——两头尖、中间宽，这十分影响美观，也让穿衣非常麻烦，此外还占用空间——有时候飞机上或其他公共场所不得不提供加大型座位，以方便某些臀宽者坐进去。上世纪英国著名健身专家古代尔曾经掀起过美臀潮流。这一潮流席卷了欧洲，许多王室的公主、王妃以及一些大牌明星、时尚女子纷纷效仿，但方法太复杂，很难普及开来。后来，古代尔总结出一套简易的美臀运动，只要坚持做，就可以轻松拥有弹力翘臀。

古代尔美臀法

- 面向下俯卧，头部轻松地放在交叉的双臂上。
- 仰面平躺，缓缓吸气，同时抬起右腿，在最高处暂停数秒，然后边吐气边缓缓放下。在抬腿时注意足尖下压，并且保持臀部不能离地。尽量将腿伸直、抬高，你会感到臀部正在收紧。
- 重复上述动作20次，然后换腿。每日进行一次。

我的邻居嘉莉按照这个方法坚持练习了4周，结果她惊喜地发现自己可以穿上去年的A字裙啦！

如果你是一个职业女性，没有大量的时间在家里练习，而你的职业是打字员或杂志编辑（要求你长时间地坐在椅子上），或者是个售货员或酒店服务生（需要长时间地站立），你必须学会正确的坐姿或站姿，因为长时间地坐或站可都是美臀的克星。

坐出美臀

■ 不能斜坐在椅子上，斜坐时压力会集中在脊椎尾端，导致血液循环不良，氧气供给不足，也不能只坐在椅子前端三分之一处，因为若身体重量全放在臀部一小方块处，长时间下来臀部会因疲惫而变形。正确的坐法是脊背挺直，坐满椅子的三分之二，并将全身力量分摊在臀部及大腿处。在想靠的时候，请选择能完全支撑背部力量的椅背。坐的时候，还要尽量合并双腿，不要经常保持开腿的姿势，因为这样会影响骨盆形状。如果你坐时踮起脚尖来，则对臀部线条紧实非常有益。你可以但尽量不要长时间地双腿交叉坐，因为这会使血液循环不好。

■ 站立太久，血液不易回流，会造成臀部供氧不足，新陈代谢不好，还可能引起静脉曲张。所以挺背提肛才是良好的站姿，具体做法是：背脊挺直，缩腹提气，感觉一下肛门收缩的动作。如果你站立的时间实在太长，请务必不时动一下，做做抬腿后举的动作——1小时内至少偷闲做够5分钟。

● 动感美腿术

美国男性杂志《HIM》曾在街头做过调查访问，询问男人认为女性身体的哪个部位最吸引人。受访者举出嘴唇、胸部、臀部和眼睛等部位。然而，男人们越来越认识到：美丽的双腿曲线也是最让他们心动的部位，有2%的男人选大腿为第一。

腿的迷人，不仅在于它天生的细而长的曲线，也在于它的修饰与掩蔽。相信大家对这样一个画面都不会感到陌生：性感美女玛丽莲·梦露，她的白色大蓬裙被风吹起，她拼命地用手去压。那掩不住的万种风情，如今已成为性感场面的象征性标志。我想，除了那迷离媚惑的眼睛和娇艳欲滴的

双唇外，给人印象最深的恐怕就是梦露那双圆润丰腴的美腿了。

不是每个女人都能拥有梦露的那双玉腿。有的人，天生的O形腿；有的人，大腿肌肉松弛；有的人，小腿比较粗。如何改善这些状况呢？最有效的办法当然还是运动。

改善O形腿

■ 第1步：以基本姿势站立，双手叉腰，两脚向左右两侧跨开，脊背挺直，臀部夹紧。

■ 第2步：膝盖不用力，将上半身垂直向下压，脚跟不可提起，身体须挺立，然后返回原位。

■ 重复10~20次。

结实大腿

■ 第1步：坐在地板上，向内弯曲一条腿，双手按住另一条蹬直的足踝。

■ 第2步：身体向伸直的腿俯下，一边吸气，一边直起上身，气吐尽后恢复到第1步的姿势。

■ 全组动作左右腿轮流各做5次。

健美小腿

■ 第1步：坐下，两腿前伸，双手抓紧脚尖，脚背伸直。

■ 第2步：手继续抓紧脚尖，然后一边吸气，一边将上半身向前倾，谨记背部保持伸直，然后吐气回到第

1步动作。重复3次。

■ 第3步：保持第1步的坐姿，以双手手指抓紧前脚掌，将脚掌分开，但脚踝仍要互相贴实。

■ 第4步：双手抓紧脚掌，一边吸气，一边将上半身向前倾，吐气回到第3步动作。此组动作重复3次。

■ 第5步：保持第1步的坐姿，双手抓紧脚踝，将脚掌向内翻，使两脚脚尖贴实，而脚踝分开。

■ 第6步：一边吸气，一边将上半身向前倾，吐气，重复第5步动作。此组动作重复3次。

梦露已经香魂远逝很多年，很多女星在好莱坞涌现又沉寂。前几年，因出演反映美国南北战争时的爱情故事片《冷山》而名噪全球的美女妮可·基德曼为了使自己拥有梦露那样的美腿，自编了一套美腿操：笔直站立，收腹提臀，骨盆向前，双手持一根5至12千克重的杆棒置于肩上，踮起脚尖，然后放下，连续做15次，她每天晚上睡觉前都坚持做。因而，无论是明星还是你我，只要想拥有修长美丽的双腿，就必须每天运动——坚持到底，就是胜利。

护理：
女人对自己的宠爱

　　我这里所讲的护理主要指外部的护理。这一方面依赖于保养品，如洗面乳、口服液等；一方面依赖于女人对自己身体的精心呵护，如多补水、多滋润等。是的，女人都需要用心呵护，而自我呵护则是女人对自己的宠爱。每个女人都应该学会宠爱自己。

● 善用保养品

　　20世纪60年代，女权运动从美国掀起。50年过去了，今天的女人是越活越精彩。你看，很多的行业都因为女人的存在而兴旺发达：五彩缤纷的服装业、香气袭人的香水业，当然也少不了让女人鲜活靓丽的化妆品业。

　　目前流行的保养品有两大类：一类是外用的保养品，一类是内服的美容调理品。就我自己的观点来看，外用的保养品有实用价值的只有洗面乳、润肤露、润唇膏、眼霜、防晒霜、护手霜、沐浴露、洗发露、全身润肤霜几种。你可以根据气候、温度和个人肤质的特点选择使用。

　　对保养面部皮肤而言，只要天天清洁，长

期保持干净就行了。一般可以用如下方法：

早晨

■ 先用温水洗，促使汗毛孔张大。再用适合自己肤质的洗面奶轻轻按摩5至10分钟，然后用冷水清洗，这样可以起到收紧皮肤的作用。最后再涂上润肤露、润唇膏、眼霜之类的保养品。

晚上

■ 对白天爱上妆的女人来说，回家后一定要用专门的乳液彻底地卸妆。卸妆后，不论天气冷热，都要以冷水来清洁皮肤，防止残渣渗入毛孔。

一般情况下，洗脸一般为一天两次。

如果是在很油腻的情况下，可以一天洗脸三次，超过三次就太多了。洗脸次数不足对皮肤不好，但是太多也不好，会影响皮脂的分泌。

很多女人倾向于把呵护的重点都放在面部，而忽略了身体其他的部位。也许是由于身体其他部位不像脸部、手部那样长期暴露在外，因而它的护理没有受到重视。

也许是因为繁忙的工作使你疏忽了对身体的照顾。这是不对的，不仅仅脸部需要美丽，全身肌肤也需要照顾，若它们能像丝般爽滑，也会让人心生欢愉。很多明星都拥有非常柔嫩的肌肤——让她们看起来楚楚动人、魅力十足。

其实，不管你处于什么样的年龄阶段，有着什么样的忙碌理由，你的身体都需要你像对待脸部一样的精心呵护与关注。

肌肤的彻底清洁

■ 每天洗澡时，使用较温和的清洁沐浴产品，不至于刺激皮肤。

头发的清洁保养

■ 头发要保持干净清爽，根据发质确定清洗次数和洗发露的配方。

双脚和身材的保养

■ 洗澡之后，可以使用天然浮石和脚部专用的磨砂膏来帮助去除老化的死皮或硬皮，当然也别忘了擦上润肤乳。如果身上有令人讨厌的小赘肉，还可以补充使用一点去儿脂的产品，让身材恢复往日的轻盈。

■ 洗完澡之后擦上滋润乳液，让肌肤保持适度水分，更滑、更柔嫩、更紧绷。

如此一来，你就可以使全身的肌肤漂亮动人。爱自己多一点儿，才会让自己更快乐。

也有很多女人出现了护理不当或护理过度的情况，结果把自己的皮肤弄得很差。最常见的表现就是：

没使用恰当的护理品

■ 用过期的护肤品；用化妆品柜台小姐随意推荐的护肤品；用女友推荐的护肤品；用效果听起来"不像真的"的护肤品；用不适合自己肤质的护肤品。

护理次数过频

■ 每天洗脸三次以上；每周做两次以上面膜；每周做一次以上专业护理。不管季节、发质，天天洗头。

超年龄使用护理品

■ 20岁时，使用"除脱角质霜"和"精华霜"。

■ 25到30岁时，不注意保持水油平衡。

■ 30到40岁时，不进行补水、防晒和清除老化角

质等方面的保养。

■ 40到50岁时，不选用防皱、补水和再生类护肤品。

记住：过期的护肤品一定不要用；化妆品柜台小姐想让你"只买贵的，不买对的"；女友推荐的护肤品适合她，而不一定适合你；效果听起来"不像真的"的护肤品就不是真的护肤品，那只不过是生产商制造的骗局。

所以，你有必要去进行专业的皮肤测试，听取测试师的建议。

相对外用的保养品而言，口服的美容液、胶囊、激素的使用者要少一些。很多美容从业者推出口服的美容液，强调只要多服用他们的产品，就能使肌肤水嫩。的确，食用保养品能使肤质更好，然而，这些口服的东西经过了重重关卡，从进食、消化、吸收，最后才进入肌肤的细胞中，它固有的营养成分必然会流失很多，所以我们仍需要外部的养护。就我本人而言，我是从不服用这类产品的。如果你在用或打算用，我建议你考虑两个问题：第一，这种口服液、胶囊、激素是否得到了食品和药品管理部门的认证？这一点主要是防止里面含有毒物质。第二，有些激素能不能胡乱摄入？我建议你先去咨询医生，在医生的指导下服用。

很多女人一谈到护理，首先想到的就是美容院，到那里可以轻松地享受全身护理和按摩。这当然非常好，但你不能天天去美容院。所以，学会居家的几种简单护理法、培养几个自我保养的小习惯尤为重要，而且，它还能增添你的生活情趣。下面介绍11种方法，供你从早到晚使用。

11个妙法，一天美到晚

■1.每天起床喝两杯水，其中一杯加些盐

充足的水分是健康和美容的保障。缺水会使女人的身体过早衰老，皮肤失去光泽。但由于女人的代谢比男人要慢，能量消耗也比男人要低，所以女人往往比男人喝水要少，这就会使身体和皮肤的问题同时出现。早晨饮水既可以补充夜间失去的水分，又可以清洗肠胃。

■2.洗脸时，水中放点儿醋

在化妆台上放一瓶醋，每次在洗手之后先敷一层醋，保留20分钟后再洗掉，可以使手部的皮肤柔白细嫩。如果你用的自来水水质较硬，可以在每天的洗脸水中稍微放一点儿醋，从而起到养颜的作用。

■3.喝好美容奶

从补钙角度看，女人是最容易缺钙的一个群体，而牛奶的补钙效果优于任何一种食物，特别是酸奶，更容易被人体吸收。所以，女人应该保证每天一杯酸奶。至于一袋鲜牛奶，那是为美容准备的。

■ 4.出门不忘防晒

阴天也要涂防晒品，或撑一把防晒伞。因为只要是白天，阳光的有害射线都会存在于空气中。

■ 5.记得常喝茶

女人一定要喝茶，绿茶和乌龙茶最好。茶是最天然、最有效的减肥剂，再没有什么比茶更能消除肠道脂肪的了。

■ 6.吃一个西红柿或喝一片维生素C泡腾片

在水果和蔬菜中，西红柿是维生素C含量最高的，所以每天至少保证吃一个西红柿，可以满足一天所需的维生素C。如果工作紧张顾不上，则至少要每天喝一杯用维生素C制成的泡腾片饮品。要注意，泡腾片溶解后要马上喝掉，否则其氧化的速度非常快，水中的维生素C很快就会失效。

■ 7.回到家记得要马上卸妆

这是防止皮肤老化的最直接方法——把那些损害皮肤的化学物质统统除去。

■ 8.隔天泡澡，一周一个桑拿浴

泡澡可以缓解压力和疲劳，补充皮肤所需的水分。桑拿不仅有利于清洁皮肤，还能保养皮肤——在桑拿室中蒸过10分钟后，用鲜牛奶涂抹全身，然后保留半小时，待洗浴结束后再冲掉。你会发现，经过牛奶浴的皮肤会明显地细嫩起来。

■ 9.晚上饮一杯水

保证夜间血液不至于因缺水而过于黏稠。血液黏稠会加快大脑

的缺氧、色素的沉积，使衰老提前来临。

■ 10.睡前敷一个简单的面膜

要睡觉的时候，拿小黄瓜切薄片放置脸上，过几分钟拿下来，坚持一个月，你的脸就会变得白嫩；或者是用化妆棉完全浸湿化妆水后，敷在脸上20分钟，每周3次，皮肤会有想不到的水亮清透效果。

■ 11.晚上11点之前一定入睡

女性的睡眠时间不能过晚，因为从晚上10点到第二天早上5点，是皮肤修复的最佳时间，而睡眠中的修复才有效。如果入睡时间超过了子夜，即使第二天起得再晚，睡得再长，也已经错过了皮肤的最佳保养时间。

这些方法就这么简单，你刚开始尝试的时候可能觉得比较难，但只要多坚持几天，就可以形成有益于一生的好习惯了。

优雅人生第2步
画出你的脸蛋

一个男人对着一张精致的脸说话，要比对着一张粗糙的脸说话耐心得多。

写下这个题目，我想起西方流传很久的一句话："当上帝创造男人的时候，他只是个教师，在他的包里只有理论课本和讲义，而在创造女人的时候，他却变成了艺术家，在他的包里装着画笔和调色板。"这句话说得真是精妙，女人是上帝放到这个世界上的艺术品，如果没有女人，这个世界将失去很多色彩、很多道亮丽的风景。

慢慢地，女人从上帝手中接过画笔和调色板，开始精心描绘自己。几千年前的古罗马诗人马提尔就说过："女人啊，你是一个谎言的组合。为了过夜，你将整个人的三分之二都锁在盒子里。""三分之二都锁在盒子里"指的是女人用化妆来掩盖自己的容貌。

没错，女人需要化妆，要知道一个男人对着一张精致的脸说话，要比对着一张粗糙的脸说话耐心得多。

用品：
"兵"不在多，贵在精

化妆就相当于给脸穿衣服。化妆的第一步是拥有基本的化妆工具和化妆品。

在读这本书之前，你可能已经有了一大堆五花八门的工具，例如专门夹睫毛的睫毛夹、说不出名目的小刷子，等等，或许有些美容品你从来就没有用过。与其不用倒不如不买，买了不用更是一种浪费。因为大多数时候，化好一个妆不在于你拥有多少化妆品，而关键是看你有没有几件重要的、好用的工具。

● 妆容必备工具

腮红刷

■ 如果你只想买一把刷子，那就应该选择腮红刷。最好选那种大而松软，制作精良的刷子。像连镜小粉盒里的刷子就没法用来涂腮红，这种刷子适合涂眼影。需要注意的是，如果使用刷子涂一种以上的颜色，在换色之前要用纸巾把刷毛擦干净。

粉刷

■ 这种刷子与腮红刷形状相同，只是略长一点儿，更松软一些。使用它刷散粉，比用粉扑效果好，看起来会更柔和、更自然。用这种刷子蘸粉饼也很好，刷子越柔软，妆后的你看上去就越自然。粉刷还可以用来定妆，使眼睛、面颊的色彩变得柔和协调。

镊子

■ 不管你是不是化妆，眉毛一定要修整。修整过
的眉毛，不化妆都很美。最好选择镊子的镊
口是斜面的，便于控制和操作，还要给镊头
准备一个小帽子，不用的时候把
它罩上。

唇笔

■ 你可别小看一支唇笔，它的作用可大了，可用来当唇
线笔，勾勒唇形，也可直接涂在唇上，使唇色保持的
时间更长。

唇彩

■ 除了唇笔，还应该有一支透明的唇彩。唇
彩可直接刷在唇上，也可刷在涂了
口红的唇上，无论怎样用，刷了唇彩的双唇
都会变得滋润油亮。一点点唇彩，看起来并不起眼，却会为你倍添
光彩。

化妆专用海绵

■ 当你使用液状化妆品涂抹鼻翼、嘴角、眼睛周围及发际处时，海绵
是最好的用具。打底色时，可先在脸上点上几点底色，然后用海绵
擦匀。用海绵擦腮红效果也很好。还可以用海绵修饰唇色，先涂上
口红，再用海绵轻抹，直到色彩更柔和。

棉签和软纸巾

■ 这些用品相当于橡皮擦，修饰一些细微之处。当你的眼影涂得过重，可用棉签帮助擦掉，也可以用棉签来吸干或去掉多余的妆粉，棉质软纸巾更适合卸妆，且用起来要比棉签快得多。这些不起眼的小工具是化妆、卸妆离不开的小帮手。

有了这7种工具，就等于有了画笔和调色板。但光有这些还不够，我们还需要颜料——能让女人鲜活生动起来的颜料——这就是化妆品。

● 化妆品

具体地说化妆品分为三类，一类是彩妆用品，一类是护肤用品，一类是清洁用品。这里专门说的是彩妆用品。彩妆用品主要有以下几种：

粉底

■ 无论你描画双眸或是轻点朱唇的技巧有多高明，如果粉底选择错误或者是底妆打得不匀称，一切的努力都是白费。所以在选用粉底前，我们应该考虑粉底是否与你的肤色、肤质相配合，并且要求粉底具有护肤效果，因为粉底要长时间贴近肌肤，如果富含滋润功能，当然最理想不过。粉底的色调应该与肤色配合，别尝试用粉底来改变

你的自然肤色，不要一味地使用比肤色白的粉底。最好能将几种中意的颜色在下巴上试一试，并在光线良好的镜子前，看看与肤色有没有明显的区分，涂上去看不太出来的，就是适合你肤色的粉底。

眉笔

■ 眉笔使用起来很方便，直接画在眉上即可。眉笔的颜色要根据自己的眉色来选择，或者是灰色，或者是咖啡色，但千万不要选择黑色。过黑过重的眉毛，不但会抢走眼睛的光彩，而且看起来还很"厉害"。眉笔的质地要柔软，否则会划伤眉毛下的皮肤。

眼影

■ 无论哪一种化妆方法，都不会忽略对眼部的描画，这其中最重要的构成就是画眼影。因此，希望学会彩妆艺术的你，千万不要小觑了眼影。

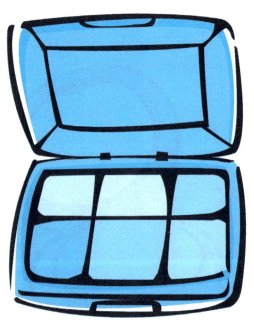

眼影通常有粉状、霜状及眼影笔等几种。其中眼影粉是最常用的，颜色也最为丰富，使用起来比较方便，只需一个海绵头眼影扫或是扁而宽的眼影刷就可以了。如果时间较仓促就无需对眼睛进行精雕细琢，可简单地用指尖蘸些颜色抹在眼睑上即可。但必须提醒的是，戴隐形眼镜的女士在涂抹眼影时千万别让眼影粉落入眼睛里。

眼影的颜色有很多，应根据化妆者的肤色、服饰风格以及将要出席的场合来选择。

睫毛膏

■ 小小的睫毛膏不可小觑。它能让你的睫毛看起来更长、更密、更卷翘，也能令你的电眼更迷人、更妩媚。很多女人对睫毛膏是又爱又恨，爱的是它让眼睛会说话、会放电、会传情，恨的是它可能会由于手的碰触而化开，让别人误认为自己是个黑眼圈、爱哭泣的女人。

口红

■ 如果问一个女人，甚至是一个素面朝天的女人，她的包里或是家里的化妆盒里，必不可少的化妆品是什么，那么她会毫不犹豫地告诉你——口红。

最早的口红出现在古埃及，那时的妇女用细小的棒状物将蓝黑色的颜料涂抹在嘴唇上。这样看来，最初的口红该叫口蓝或口黑。现代人抹深色口红以为时髦，没想到这其实是口红最原始的色彩。随后，罗马人用红葡萄酒酒渣作为口红的颜色，口红才真正流行起来。

口红是最具有女性情结的东西，我自己就常常被女人对着镜子涂口红时的专注和美丽打动。奥地利美容专家法布里在所著的《口红文化》一书中说："口红的文化意义在于给女人增添靓丽的个性与魅力。"粉红色的口红让你看起来爽朗、可爱；红色的口红让你俏丽、热情；橘色口红可以让你显得健康、年轻；玫瑰色的口红让你优雅、华丽；棕色口红尽显你的成熟之美。所以无论你走到哪里，都要携带一支小小的口红，它会使你漂亮许多。当你疲惫不堪、面色晦暗时，涂上一点儿口红，会立刻赶走倦意，恢复脸部神采。

腮红

■ 千万不要小看这一抹嫣红的作用，高明的腮红，不仅能改善脸形和轮廓的不完美，突出你的个性，还能营造白里透红的好气色。反之，则容易让人感觉像是唱戏一样，尴尬至极。

那么，腮红该用什么颜色呢？白皙肌肤的女性可以选用浅色系列的腮红，如粉色、浅桃色等。黄色肌肤的女性可以选择亮粉色、玫瑰色或金棕色，这些颜色能中和肌肤本身的厚重感，令人看上去健康活泼。肤色偏红的女性要特别注意，如果涂抹了玫瑰色腮红，会使你看上去像喝多了酒。肤色健康的女人可以选用橘红色、橄榄色和深桃红色，这不但能起到调整肤色的作用，还会令人看上去个性十足。肌肤晦暗的女性可以选用大红色、酒红色和深紫色，这类腮红在化妆时无需遮盖肤色，只要确定哪一种颜色能让自己看上去更加靓丽就足够了。

要不要两种颜色搭配使用呢？如果"用量"得当，一种颜色的腮红就足够了。年轻人适合淡一点儿的颜色，年纪大一点儿的人比较适合深一些的颜色。随着年龄的增长，适合你的颜色也会随之改变。如果你现在的腮红颜色太深，只要少蘸一点儿，刷出来的效果同样自然。

看着一大堆美容产品乱七八糟地散落在梳妆台上，你是否觉得很无奈？你虽然为自己添置了一个精致的化妆袋，不过它实在小了点儿。那么就找个既实用又美观的化妆箱，把它们当作宝贝一样装起来吧！

技巧：
优雅还是庸俗，你做主

　　化妆的第二步是掌握全套的化妆技巧。这一点非常重要。想想看，你和奥黛丽·赫本的化妆用具有什么大的不同吗？没有，甚至随着化妆品行业的发展，你的化妆用具比她更齐全了。可是，你能画出她的优雅妆容吗？现在，请不要急着摇头，其实，优雅还是庸俗，全掌握在你自己的手中。好，下面我就按照上彩妆的步骤分别为你讲述你需要注意的化妆技巧，只要你用心领会，你也能拥有优雅的妆容。

● 洁肤

　　化妆的第一步就是洁肤，这也是我们每天都要做的事情。但是你每天的做法有没有失误？正确的洁肤方法又是什么样子的呢？

洁肤5大学问

■ 1.温水最适宜

温水是最适宜的洁肤水，洁肤过程当中不宜使用热水或凉水，洁肤之后可用冷水放松和刺激皮肤，促进血液循环。

■ 2.选择柔和的清洁品

避免使用劣质的洁肤用品，特别要避免使用含碱量高的洁肤用品。

■3.选择柔软的面巾

著名美容师瓦尔·德曼认为：如果用坚硬的毛巾洗脸，如同用厨房擦布摩擦皮肤一样，会留下肉眼看不见的小小划痕，致使肤质粗糙，积聚细菌，甚至引发炎症。因此，要选择非常柔软的面巾，轻柔地擦拭皮肤，同时不必擦得过干，让皮肤留下一层湿润的水膜。

■4.洁肤动作要轻柔

特别要避免粗糙的清洗动作，避免习惯性的搓、扯、擦等动作，以免损伤皮肤的纤维组织，纤维组织能够使皮肤保持弹性和紧凑。

■5.洁肤的用水量

彻底清洗掉存留在皮肤上的化妆品理论上讲需要28盆水，这也许吓了你一跳，你会认为很难做到，这里只是提示你洁肤用水应尽可能充足一些。

● **爽　肤**

洁肤之后，就是爽肤了。爽肤水的正确使用方法有两种。

擦拭法

■将爽肤水倒在化妆棉上，并使其充分吸收。

■由内向外顺着肌肤的纹理擦拭，这样才不会过分拉扯肌肤，导致细纹的出现。

■ 额头与鼻子部位油脂分泌较多，可以适当地延长擦拭时间。

■ 先将爽肤水倒在化妆棉上。

■ 用拍打的方式，将爽肤水涂在脸上。

■ 充分拍打脸部各个部位，有助于爽肤水的吸收。

很多女人不明白为什么要使用爽肤水，我在此简单地解释一下：爽肤水属于二次清洁产品，一般的洁面乳只能清洁皮肤表面的污垢。当用洁面乳清洁完后，皮肤的毛孔才刚刚张开，而皮肤毛孔内深层的污垢并没有被洁面乳清洗掉，这时就需要爽肤水来清洁。

● 润 肤

拍上爽肤水后等几分钟，当面部开始出现透明感时，涂上润肤品（露、霜等），尽量多涂一些，再慢慢按摩。涂和按摩的方法是：

■ 把润肤品点在额头、双颊、鼻尖、下巴5处。

■ 食指和中指并拢，在这5处打圈按摩。

■ 涂抹的时候，从下巴往上涂抹，不要把面部肌肉往下拉。

■ 等润肤品被吸收以后，用纸巾吸掉多余的油脂，特别要注意眼睛周围和鼻子周围。仔细看一看面部还有没有多余的油脂。没有的话，再用精华液对肤色进行修正。

到此为止，化妆的准备工作就做好了。现在，我们可以开始化妆了。

● 上粉底

选择粉底颜色最简单的方法就是将不同颜色的粉底直接涂抹于脸颊或手肘内侧，并观察其与原肤色的融合性，以方便选择颜色。有时为配合肤色、外出场合及灯光等因素，必须调和两种以上颜色的粉底，才能呈现完美无瑕的底妆。

选色技巧

■ 肤色：是基本色，然而颜色深浅选
    择应避免与原肤色相差过大，这样才
    不会看起来不自然。

■ 红色：具有健康红润的效果，可
    以改善脸色苍白，也可作为腮红
    妆效。

■ 紫色：使肤色亮丽动人，但使用量不宜过多，以免导致妆容不
    自然。

■ 白色：可用在T字部位或眼部，使脸部轮廓有立体感。

■ 苹果绿：可改善肤色偏黄、暗沉的困扰，使肤色呈现出白皙的透
    明感。

■ 嘴唇四周、上下眼皮、双颊轮廓以及易出油的T字部位，均应避免涂抹过厚的粉底，也不要在眼睑涂太多粉底。

■ 上粉底时手法要从下到上，从大面积开始，顺着皮肤生长的纹理，才能填平粗大的毛孔及皮肤凹洞。

■ 注意脸部与发际交会处，脸颊与颈部间是否有自然的过渡——一切应以自然修饰肤色为最高原则。

■ 从脸颊内侧涂起到脸颊外侧→眼睑部位的涂抹→鼻下→唇部四周→下巴（另一边亦相同）→额头部分由下往上朝发际方向涂抹→用海绵修饰发际及下颚边缘→最后以海绵轻拍整个脸部→用粉扑取适量蜜粉轻拍即可。

皮肤能透出生命力，因此不能遮盖太多，不然就会像雕塑一样。好的粉底都很透明，例如资生堂粉底，用在脸上不会很重。如果面部有明显的斑，可以先用一点儿遮瑕膏，这会让粉底既遮盖瑕疵，又显得透明自然。

到此为止，整个完美无瑕的脸蛋就跟一块画布一样，等着好的画作诞生了。现在，让我们来给它增加点色彩吧!

● 画眉

　　很多人会忽略眉毛,其实眉毛如果修饰得当,通过整理和拔除杂乱的眉毛,可以强调脸部轮廓,甚至可以"变"出一张崭新的面孔来。如同画龙点睛,画眉也有相似的效果。怎样修饰眉毛? 有12点可供参考:

■ 1.拔眉毛的方向应与眉毛的生长方向相同。

■ 2.眉毛的最高处应与瞳孔外侧成直线。

■ 3.脸形较长的,可从眉毛的上方拔,以避免眉毛太弯;脸型较圆的,则宜从眉毛下方拔,以增加眉毛的弯度。

■ 4.如果眼睛距离太近,可拔去少部分眉头,以增加两眉之间的距离。

■ 5.要减轻拔眉的痛楚,可在拔眉前用温水敷眉,让毛孔张开,使眉毛较易拔出。拔眉后,可用手指按压已拔掉眉毛的位置约10至15秒。

■ 6.拔眉后可能会出现轻微的红印,所以外出前最好避免拔眉。

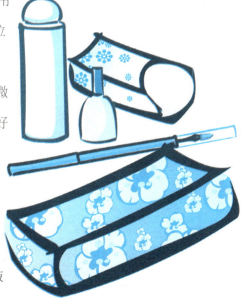

■ 7.如果眉毛太长,可用专供眉毛用的剪刀来略为削短,亦可用透明睫毛液或眉毛定型液

来定型。

■ 8.线条硬朗的眉毛会令人误会你"恶形恶相"。可从下到上，轻轻来画眉，效果会较自然。

■ 9.眉粉比眉笔容易控制，画眉新手宜用眉粉。

■ 10.用什么颜色来画眉毛？看看你的发色就会知道答案了，只要比发色稍稍浅一点儿即可。

■ 11.眉笔固定三点按"眉头最粗、眉尾最细、眉峰最高"的方法连接起来，一条标准的眉毛就画成了。

■ 12.左右两边的形状要完全相同。

现在，你知道如何拥有一双自己喜欢的眉毛了吗？在这里我还要提一下，许多女人喜欢去文眉，认为那样就可以一劳永逸，省得经常拔、每天画了。这种想法我可不敢苟同。其一，很多美容师不负责任，不论你长着什么样的脸蛋、属于何种气质类型，她都会把你的眉毛修成又长又细如钢丝一样的形状；其二，女人画眉毛的过程充满了情趣，把这一特权拱手让人未免可惜；其三，我担心美容师所用的色素对你有伤害，所以，尽量别去文眉。

● 扫眼影

接下来就是扫眼影了。眼影是非常能够表达个性的东西，那么我们该如何涂抹呢？

完美眼影4部曲

■ 1.首先，眼睑上不应有太多的油脂。如果有润肤霜的痕迹，不妨用化妆海绵或化妆纸巾将其擦掉，然后用粉扑或粉刷在眼睑处轻轻刷几下。

■ 2.涂抹前应先把眼影扫放在手背上擦一下，或者把海绵头弄湿在纸巾上压一压，以去掉多余的颜色，并防止颜料碎屑落在脸颊上。

■ 3.涂抹过程中应注意眼睑边缘的颜色应该是最强烈的，而这种颜色眼影的起点应放在眼睑中央而不是内眼角，涂抹时可从眼睑中央逐渐向外眼角加深，再用眼影扫将剩余的颜色抹在内眼角，以使整个眼睑色彩均衡。

■ 4.最后扑上透明蜜粉，使眼影保持的时间略长一些。

在涂抹眼影时，应大致遵循以下几条规律：

■ 内亮外暗，过渡自然，突出外眼角，使眼睛显得大而亮，但眉间距较宽的人不宜采用这种方法，否则会给人一种两眼分得过开的感觉。

■ 上亮下暗。无论用什么颜色，都应该做到眼睑边缘颜色深，靠近眉毛处颜色浅。

■ 在眉毛下涂明亮的眼影，能使眼睛炯炯有神。但有时会显得不太自然，所以最好用于晚妆，白天化妆只需涂上一层薄薄的普通眼影即可。

如果你是初学者，很难立刻把握以上要领，那就记住一条：将偏深的眼影画在靠近睫毛根的眼睑处，越往上越浅，最浅的眼影放在眉毛下面。如果对新颜色不熟悉，可从接近肤色的色彩开始练习。

● 画眼线

画眼线最该记住的是：

- 应尽量不要将眼线画在睫毛线以内靠近眼球表面的部位，因为当画眼线的用品不小心接触到眼球表面时会伤害到眼睛，造成感染。
- 画眼线的笔、液等工具应保持清洁，尽量不与他人混用。
- 要准备好化妆棉随时将溢出眼角的残余污迹擦拭干净。
- 上眼睑画的眼线不要过于纤细，否则会使眼睛显小。
- 恰到好处的眼线配合睫毛膏使用可以使睫毛显得更加浓密。

画眼线的基本步骤：

- 1.用眼影刷在上眼睑横向扫透明眼影，为下一步描画眼线做准备。
- 2.确认描绘眼线的方向及范围。
- 3.闭眼，用眼线笔紧贴睫毛线由内向外描画眼线。
- 4.睁开眼睛，视情况确定眼线的粗细，自然与夸张。
- 5.闭眼，用另一只手抬起上眼睑，用眼线笔在眼角处向上按一定角度拉长眼线。
- 6.睁开眼睛，此时可以看到眼睛已由于眼线的衬托而显得大而有神。

此外，还可以进一步用眼线液在原眼线的基础上强调描画，要注意力度适中，眼角处要自然过渡，用棉签或海绵将溢出的眼线液清理干净。富有魅力的深邃眼神就在这一笔之间呈现出来了。你可以根据不同个性、不同妆容的需求，以同样的手法打造不同的眼线效果。

● 涂口红

你知道电影上那些漂亮女人的性感美唇是怎样画出来的吗？其实很简单，你只要有了熟练的手法，再加上一些技巧就可以了。下面我就教你如何画出漂亮的嘴唇：

涂口红之前

■ 先检查唇部有无脱皮、干裂现象。如有，则可先涂点润唇膏，再用有细毛的刷子将覆盖在唇部的干皮刷去，以不造成唇黏膜损伤为原则。

■ 如需画唇线，则唇线一定要流畅。唇线颜色应比口红颜色深一度。

■ 用唇线画上唇时，应先画出唇峰，再向嘴角连接。

■ 画下唇时，在唇中央画一条线，再向嘴角处延伸。

■ 然后张开嘴画嘴角轮廓。

唇线画好了，唇形就出来了，接下来就是涂口红。

人们曾把口红喻为女性出场的道具，它能使一张平淡的脸顿时生动起来。然而口红若涂得不好的话，效果则适得其反。怎样才能涂好口红呢？你可以根据肤色、原唇色、眼影、场合等用单一的口红颜色，也可选用几种口红调出一种适合自己的颜色。涂口红的规则如下：

■ 口红应涂在唇线内。先涂一遍，
　用纸巾印去浮色，再涂一遍，
　这样可以固定口红颜色。

■ 颜色一定要涂得饱满，边缘不可有模糊、渗色
　现象。

■ 若想让嘴唇的光泽度高一些，可涂一层唇彩或透明唇膏。

这样，一个简单的唇部化妆就完成了，它能为你增添不少自信。

● **扫腮红**

腮红能够使女人流露出性感，打得好还可以适当地修饰或掩盖女人脸部的缺陷。按照下面的步骤来进行，你就可以得到好的效果：

■ 学会选用好的腮红刷，其宽度最好是腮红所需要的宽度，这样用起来会更方便。

■ 蘸取足够的腮红粉，在手背上轻弹一下，弹落多余的腮红粉。

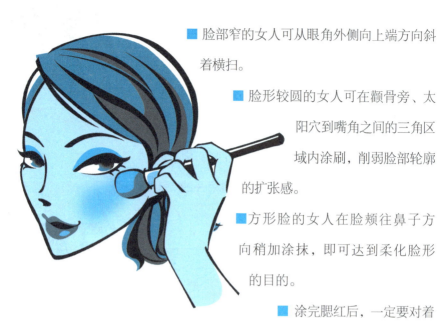

■ 脸部窄的女人可从眼角外侧向上端方向斜着横扫。

■ 脸形较圆的女人可在颧骨旁、太阳穴到嘴角之间的三角区域内涂刷，削弱脸部轮廓的扩张感。

■ 方形脸的女人在脸颊往鼻子方向稍加涂抹，即可达到柔化脸形的目的。

■ 涂完腮红后，一定要对着镜子多侧面地观察效果，如果太红了就用海绵轻轻按拭，让腮红淡一些。

现在，你学会了吗？

● 涂睫毛膏

在使用之前，我们先学会怎么选用睫毛膏：

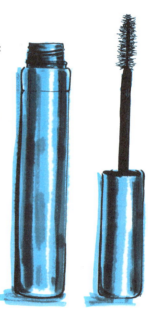

■ 单眼皮和睫毛比较短的双眼皮、大眼睛的女人：选择卷翘加长的睫毛膏，可使眼睛显得大而明亮。

■ 睫毛长而稀疏，并且颜色比较淡的女人：可以选择丰盈、加密的睫毛膏，可使眼睛大而有神。

■ 眼型上眼睑比较宽的女人：可使用深色

的睫毛膏在上睫毛的根部反复涂抹，能够起到调整比例的作用。

■ 两眼距离较近的女人：可使用睫毛膏反复涂抹外眼角的睫毛，特别
是外眼角的上睫毛，这样可使两眼距离有拉远的感觉。

■ 两眼距离比较远的女人：可在眼睛中部和内眼睑的睫毛上重点涂
抹，会有两眼距离被拉近的感觉。

■ 脸型瘦长的女人：把睫毛膏涂在下睫毛上，使眼睛向下延伸，这在
缩短脸型的同时也加大了眼睛的轮廓。

现在，再来学习如何使用睫毛膏：

■ 在涂睫毛膏之前，一定要先使用睫毛夹。应
从睫毛的根部夹睫毛，为了增大
睫毛卷翘的弧度，涂睫毛膏
之前夹一次，涂过睫毛膏之
后再夹一次，睫毛就会变得
卷卷的了。

■ 涂睫毛膏时先在睫毛的
根部横向以"Z"形反
复涂抹，再轻刷睫毛，这样
能使睫毛根部倍显浓密。夹
睫毛的时候从睫毛根部向尾
部移动夹子，一边移动一边
夹，可以夹得过一些，在涂

睫毛膏的时候就可以把它弥补成最自然的状态了。

我为什么把这当作最后一个步骤呢？因为如果你先涂好了睫毛膏，在打腮红或涂眼影的时候不小心一碰，就会带来一些麻烦，弄得脸上和别的化妆工具上都是睫毛膏。所以，我们最后再涂它。涂完后对着镜子端详一下自己的脸蛋，看看还有哪些不完美的地方，再精心地修补一下。这样，一个漂亮的妆容就完成了。

好莱坞的资深美容师齐勒·唐纳德对初学化妆的女人有三点建议：其一，刚开始化妆时，建议你从十分浅的颜色着手，并选择自己觉得最安全的颜色。其二，不要拿深色的化妆品画着玩，对一般人来说，很难把深色画好。其三，如果你一下子学不会的话，你可以选择脸部的任何一个部位开始练习，或唇，或颊，或睫毛，或眼睑……集中精力练习一个部位，等到自己驾轻就熟后再开始下一个目标。

阅读 趣味 图文 拓展
读 味 文 展
分测 资 视
享 评 讯 频

微信扫码

效果：
浓妆淡抹总相宜

　　化妆的效果可以是惊人的。我读过一个故事，讲的是一个小女孩，喜欢跟来自意大利的邻居海芬女士一起玩。海芬是个美丽的中年女人，她独居，从不与人来往。人们都觉得海芬有点儿古怪，都不太愿意跟她接触。所以，小女孩就成了唯一一个登门拜访海芬的人。有一天，女孩一大早就跑到海芬的家里，要把父亲从南非带来的小黑人木偶给她看。奇怪的是，门开着，客厅里却没有人。"海芬！"女孩提高嗓音喊了一声，没有人答应。女孩抱着木偶娃娃一步步深入房间，走进了海芬的卧室，那里也没有人，被子很凌乱，看来是刚起床。女孩的目光转到梳妆台上：一个假发套、一只杯子——杯子里泡着一副假牙。女孩有些惊恐，她听到身后突然响起了哗哗的水声，接着是一声看到鬼一样的尖叫。女孩回头——一个光着身子的老妇人站在浴室门口。第二天，海芬就搬走了，女孩从此再也没见过她。

故事的讲述者说这次经历带给她的震撼绝不是时光可以磨灭的，而我则惊叹于化妆创造的奇迹。我的工作让我经常有机会接触到一个实力派的女明星，她在银幕上从一个少女一直变成一个老太婆，这都是靠高超的化妆技术和她出神入化的演技而产生的效果。

在现实生活中，我们并不需要用化妆来创造这种奇迹，但是绝不可以忽视化妆的效果。

● 自 然

我在本书的开头就强调过："化妆是一门真正的艺术。"这门艺术发挥到最高境界就是自然，让人感觉到一个女人的妆容和她本人浑然一体。这个自然中包含丰富的内涵，它既要符合你的年龄，也要符合你的身份，更要符合你的气质。

从全球范围内来看，日本女人在这方面是做得最好的。我1989年第一次到日本，看到满街的女人除了中学生以外，几乎都化了妆，而且她们的妆容都非常清丽，不走近看几乎发现不了。帮我设计造型的美容师杏子夫人告诉我，日本女人化妆不但要考虑礼貌礼节，还要考虑与周围人的协调。如果一个日本女人化妆太浓艳或太有个性，就有被周围的女人排斥的危险，而日本人最害怕的就是自己被周围的人排斥出圈子，因此日本女人化妆时就比较收敛，不敢太过张扬。

从日常生活来看，化一个淡雅的妆，自自然然就够了。如果你要浓妆艳抹，打扮得十分个性化，那一定要注意整体的协调性，不要让自己的脸蛋太夸张，看起来像是从别人那儿借来的。

● 场 合

除了整个妆容要显得很自然以外，一个女人脸上的妆容还一定要符合她所在的场合。

工作妆

■ 工作妆的要求是淡雅明朗。办公室的化妆须格外注意明朗和淡雅，因为工作场合不是舞台，自然的淡妆就非常得体。若室内需要打开日光灯，这时化妆色彩如果选得不对，就可能使脸色显得灰白而单调。因此，眼妆最好用淡紫、蓝紫色，嘴唇用粉红带蓝的颜色。化妆前先上一层蜜粉，上蜜粉前先以冷水拍面紧肤，会使妆容保持得久一些。中午休息时，你可以以粉饼蘸水拍面再补妆，使之更加清新持久。

约会妆要自然。切忌用过多的颜色，应尽量表现得自然纯真，如果每次约会都过多地修饰，将来你就很难以洗尽铅华的真面目去面对你的男友。日间约会妆的粉底最好是液态的，化妆时将粉扑揉一揉扑于脸上，再上粉蜜，可使皮肤呈现出透明自然的质感。夜间的约会妆应稍浓一些，眼线、眉毛、唇都要略微加重一些，不妨再以咖啡色修容饼修整脸形，增加立体感，同时也可使妆容不至于显得过分夸张。

宴会妆

■ 宴会妆应该高雅大方。如果你去赴佳丽成群的宴会，难免要刻意装扮一番。化妆色彩最重要的是与衣服相配，但妆容不宜过度，否则会喧宾夺主。色彩以亮丽色系为佳，眼影用棕色配以银紫或紫红色，唇彩可用鲜红和玫瑰红。为了不妨碍你享受美食，唇妆需格外费心，千万不要为了避免口红褪色而选择色素过重的唇膏，否则你的嘴唇会因色素沉淀而变黑。

舞会妆

■ 谁不想做舞会皇后呢？此时的妆容应该突出你的个性。参加舞会时，不仅化妆要浓艳，发型也应标新立异。可在鼻影和上眼皮处染上棕色，下眼角施色应略淡，眼睛描上黑色眼线，然后抹绿色眼影银粉。涂口红则要先涂玫瑰红唇彩再上光亮唇彩，最后上一层金色唇彩。这样，一张充满个性、热烈奔放的脸蛋就呈现出来了。

摄影妆

■ 如果你要去参加摄影活动，那就应该让自己的脸呈现出立体感。摄影前化妆时要先确定风格，是古典、现代，还是浪漫、冷艳？但不管是哪种风格，都忌用带亮粉的化妆品，因为

亮粉的反光会使镜头中的人物面部看上去略微浮肿；应该使用较浓的赤土粉膏，眼线要描得明晰；要先描唇线再涂口红；涂上腮红，可突出脸部的立体感。

现在，你知道什么时候该化什么样的妆了吗？光化好妆还不够，一个女人绝不能光有精致的脸蛋，却穿着粗糙的衣服，那会毁掉你的全部努力。

优雅人生第3步
穿出你的风采

写下这个题目，我就想到女人的可爱。据说，有两个女人在街上相遇，一个女人说："我收到一张法院的传票，说有件重要的案子要我明天出庭做证。"另一个女人问道："你觉得紧张吗？"这个女人说："非常紧张，我不知道该穿什么好。"

这就是女人。女人善于把大事变小，小到只剩下穿衣、化妆等生活细节。时尚而优雅的衣着是女人永恒的话题，她们能从那里找到自信、满足和快乐。

衣橱：
你的衣橱里永远少一件衣服吗

有一句流传甚广的名言说："女人的衣橱里永远少一件衣服。"这可是真理。我们都会在生命的某个时刻，对着满橱的衣服，却发现没有一件可以穿的——可以穿的那件也许在某个曾经逛过的商店里，在第五大道某个模特儿的身上，在某部电影的某个镜头里。

于是，每年、每个季节、每个月、每个星期……女人们都想逛街，理由很简单，因为她总觉得衣服不够穿。她的衣橱满满的，可她还在不停地买，买回之后那些衣服好像一下子都变成了废物，不像挂在橱窗里那么耀眼了。于是她又不停地买，隔一段时间添加一个衣橱或把彻底不穿的衣服打包捐给非洲的难民。

但她始终缺少一件衣服——她想穿的那件衣服，于是她接着买。

购买时有个问题，那就是手头宽不宽裕。可面对着那些花花绿绿的衣服，谁能抵挡得住诱惑呢？男人的衣服数来数去就那几种，女人可不一样呀，每个季节都有新的款式出来，怎么能不拥有一件呢？于是，有些非常喜欢买衣服的女人每个月可以从2000元的薪水中拿出1500元给自己添置衣服，而那些不工作的女人，就只好开口问丈夫要。我的朋友丽萨就是这样一个女人，她总是陶醉在每个季节的服装邮购目录中，选中了某件之后便想尽办法让丈夫给她买。但她的丈夫太不懂女人的心理，他觉得花那个钱不值得，而且妻子的衣服也够穿。于是在经历了两次由兴奋到失望的季节后，丽萨跟丈夫离婚了。

很多女人跟丽萨的状况是一样的。但是不是经济不充裕，我们就无法穿得漂亮了呢？答案是否定的。

● 数量和质量

写下这个题目，我的脑子里马上冒出一个问题：该怎样买衣服？数量和质量，哪个更重要？我们都知道，法国女人是世界上最会穿衣服的女人。一个法国年轻女人每个月赚的钱也许只是她美国同行的一半，但她依然会穿得很漂亮，甚至比她的美国同行还要漂亮。这其中有什么秘诀吗？秘诀就在她们的衣橱里，你会发现，美国女人的衣服非常多，但大部分都是廉价的、重复的、穿不出去的，而法国女人的衣服非常少，但件件昂贵、精良　这在美国女人的眼里简直不可思议。她收入这样少，居然穿得起巴尔曼的礼服、夏奈尔的裙装——她忽略了，这些衣服可以反复穿好几年。

一个收入不高的女人，只要她能根据生活中的每个场合，分别拥有一套理想的服装，而不是凭一时冲动心血来潮地购买衣服，她就会穿得既漂亮又省钱。

衣服的质量远远胜于它的数量，一件好的外套至少可以穿上三年，一套好的裙装至少可以穿上两年，而一袭高贵的晚礼服几乎可以穿无数次，这远远胜于每个季节都买、买回来不久就变形、变形以后就扔掉的很多件衣服。在这一点上，我跟莎士比亚的观点是相同的，他曾经指导女性说："你可以尽你的财力买些讲究的衣服，但是不可以华丽争奇，要大方而不庸俗，因为衣服时常表示一个人的人品和品位。"

这是真的。我的衣橱里就没有太多的衣服，虽然我要出席的场合很多，但我的每件衣服都是精良的，最旧的一件已经穿了六年，我还打算继续穿下去。如果你是一个喜欢质量的女人，不妨试试我的方法，你会发现自己变得更加美丽，更加自信，也更加喜欢衣服——从精良的衣服里不但能得到无限的乐趣，还可以堂而皇之地展示商标——而且，很少会感慨自己没有衣服穿。

● 流 行

听了我的建议，有的女人能够改掉自己的习惯，而有的女人不能——这太难了呀，每季都有新的、流行的衣服出来，不买着穿不就落伍了吗——她们被新的诱惑包围，很难抗拒时尚广告的冲击，也难以摆脱"别的女人都穿，我不能不穿"的心态，这就是追逐流行。

有的女人更愿意把这称为时尚，仿佛这样说格调会高雅一些。那么我就告诉你：有两种不同的时尚，一种是真正的时尚，一种是转瞬即逝的时尚，即流行。

真正时尚的女人是极少的一部分人，她即使没穿什么华丽的衣服，没戴一件首饰，也散发着挡不住的时尚气息，你会发现她的衣服在几个月后，甚至是几年后都引领着时尚。这就是真正的时尚，它深沉如河流，通常四五年才会发生变化，所以你根本不要担心买一件昂贵的、真正时尚的衣服会在下个季度就过时。而另一些女人，她们看着杂志上这个季度流行什么颜色，那个季度流行什么款式，自以为很时尚，其实是被转瞬即逝的流行牵着鼻子走。因为商家追求的是利润，他们必然季季出新招以便把钱从你的腰包里掏出来。于是每个季节都会有人造的流行元素出台。聪明的女人永远不盲目跟风，她把自己变成潮流的预报员，而不是追逐流行追逐得失去了自己的风格。

此外，流行的东西绝不会适合每一个女人。别人穿在身上很好看，你穿在身上不见得好看。你一定要考虑到自己的特点，个性化的东西是永远不会过时的。关键是要购买经典款式的衣饰，耐穿、耐看，同时加入一些潮流元素，不至于太显沉闷。如果有一件很经典别致的衣服很适合你，与你的体形、肤色、气质等各方面都搭配，那就把它买下来。而且我还会告诉你："亲爱的，你真是太时尚了！"

● 购买

带着以上几点认识，我们就可以去实地购买了。这时，你还得注意几个技巧：

■ 1.千万不要跟你的女伴一起去购买。"不和女伴一起，一个人逛街，那该多无聊呀！"你可能会反驳我。注意，我这里说的是买衣服，而不是逛街。你可以跟女伴们一起逛街，但绝不要跟她们一起去买衣服。我自己就有亲身经历，我和我的姐姐一起上街，永远买不成衣服，而且回来后两个人还都气鼓鼓的——我看中的衣服她看不中，她看中的我看不中——于是我们俩都没买。一个女伴，即使她真心地希望你能穿成公主一样漂亮，还是会不经意地毁掉适合你的东西。第一，她对衣服的品位不见得与你相同，而你要她参谋的时候，她是以自己的口味来发表评论的；第二，万一你俩的品位是相同的，你看中的东西她也喜欢，而你又不愿两个人买下相同的；第三，两个人会很磨蹭，你可能会更多地跟她交流，而不是跟店内专业的懂搭配的人交流；第四，她陪你买衣服，必然忍不住也试一试，最终是她买成了衣服，而你没买成衣服。如此种种，还不算万一这个女伴有点儿私心和坏心眼，鼓动你买下"回家就后悔"的东西。所以记住：一个人去买衣服，你可以改天约她喝咖啡。

■ 2.不要买和别人相同的衣服。你看到一个女人穿着一件漂亮的衣服，千万不要和她买相同的。你看到很多女人穿着类似的漂亮的衣服，千万别买那种衣服。相同的衣服有两种情况：一种是转瞬即逝的流行，到了下一个季节，没有女人还会穿着那件衣服，而你此时还穿着——必然被看作落伍的女人；一种情况是大批量生产的成衣，穿在你身上和穿在她身上没什么区别，体现不出你的独特个性。穿这种衣服的女人会被看作平庸、没有特色、没有格调的人。所以，一个有品位的女人，总是匠心独运，穿得稍稍别致，把自己与别人区分开来。

■ 3.不要买只穿一两回的衣服。一件衣服即使再便宜，如果只穿一两回，它也是贵的。而一件昂贵的衣服可以反复地无数次地穿，它就是便宜的。衣服的价格是与利用率紧紧联系在一起的，绝不要表面上占小便宜，实际上吃了大亏。

■ 4.买下一见钟情的衣服。女人买衣服的时候总有一个共同的感受，我们怀着明确目的的时候往往遇不到一件合意的衣服，而不经意闲逛的时候，却可以一眼喜欢上某件衣服——真可谓可遇不可求。其实，买衣服跟找情人一样，你不知道缘分什么时候降临，对照着衡量一下自己的择衣标准，你喜欢的、你适合的、你需要的，全部符合的话，那就毫不犹豫地买下它。

■ 5.打折时淘到宝贝。不要看都不看花车里乱七八糟堆在一起的打折衣服，说不定你就能从中淘出一款适合自己的，既实用又美观而且还省钱，前提是你没有贪小便宜的心理，硬把自己塞进一件模特减肥后才能穿的瘦长裙子里，口里还连声说"不错不错"。

■ 6.名牌的衣服，价格再贵，质量再好，不适合自己也不能要。其实衣服跟丈夫一样，适合自己的才是最好的。太注重品牌，就像太注重丈夫身边的光环，而实际上忽视了自己内心的真实需要。

穿着：
因为聪明，所以优雅

不是每个人都是天生的衣服架子，只有先了解自己，才能把衣服穿得优雅。

我们的身材总会有这样那样的缺陷，我们不会对自己完全满意。卡耐基夫人曾在她的著作里讲述过爱迪丝的故事：

"我曾经是一个极为自卑的女孩，我长得太胖，两颊丰满，这使我看起来更胖。而我的母亲非常古板，她认为把衣服穿得太漂亮是一种愚蠢，而且衣服太合身容易撑破，于是我就常常穿得像个面口袋一样，整个童年也是在自卑的阴影里度过的。后来我结婚了，我努力地去模仿别人的穿衣打扮，却适得其反，弄得不伦不类。有一天，我脑子里突然冒出了一个念头：何不保持自己的本色呢？于是我开始正视自己的体形、个性、优点和缺点，慢慢地我学会了选择衣服的样式，不久就有人夸我穿衣服很有品位，而我也变得越来越自信了。"

这个故事对不太懂得或自以为很懂得正确穿衣的女人都是有启发的。第一步就是了解你自己，

你适合什么颜色，你的体形又如何，等等，关于穿衣的技巧我接下来就会讲到。

● 色彩

当我们看到一套赏心悦目的服装时，首先入目的是色彩，一套色彩和谐的服装总会赢得我们的赞美。所以要想穿出美丽的话，第一步就是寻找适合自己的色彩，一定要注意服装是穿在自己身上的，而不是穿在白色或者黑色的模特衣架上。

有一种色彩真正属于你，可能你还没找到。实际上，我们每个人都有自己最喜爱的色彩，这是与生俱来的。凡是被一个人偏爱的颜色，也通常是和她自身的肤色相和谐的色彩。

那么，女人的衣橱里到底需要什么色彩呢？简单地说，一类是中性色，一类是基本色。

■ 中性色：黑色、藏青、灰色、绿棕色、驼色、深棕色、褐色、茶色、白色、浅灰、淡米黄、淡玫瑰红、淡蓝色、浅土黄、金黄色、乳白色、红灰、肉色等。

■ 基本色：深红色、红色、绿色、墨绿色、紫红、草绿、朱红、浅紫、浅朱红、象牙色等。

不同的色彩会给人不同的感觉，色彩会给人冷和暖、膨胀和收缩、轻和重、

柔和与坚硬、华丽与朴素、兴奋与沉静
等不同的感觉。不同的人，不同的
季节，不同的场合，需要不同的感
觉。这些色彩应该是组成衣橱的
基础，而不要让衣橱成为色彩的王
国。中性色和什么色彩都搭配得起来，
反复穿也不会让人讨厌。暗的中性
色用于冬季服装，浅的中性色用
于夏季服装。

明白了色彩的作用之后，我们就
要学会色彩的搭配。有时候我们会发现一
种奇怪的情况，玛丽安今天穿的那件衣服颜色
不好看，但同样是这件衣服，如果玛丽安换一种穿
法，比如配上不同的下装，或是加上一条合适的围巾，看起来效果就会
全然不同。这说明没有不美的颜色，只有不美的搭配。

学会搭配最简单的两个原则是：

■ 1.用你衣橱里的中性色与基本色相配合，这样最容易达到色彩平衡。

■ 2.这样做虽然安全却不免平淡，如果再能适当运用对立元素，巧妙结
合，则会让人眼前一亮。

明白了色彩间的搭配后，还要明白色彩与你的搭配：

- 冷色系会使苍白的肤色罩上一层阴影，使人显得精神萎靡。

- 稍暖一些的浅红色，可使苍白的面孔看起来容光焕发，生机勃勃。

- 阴冷的青紫色会使肤色偏黑的人缺乏生气和光彩。

- 黑黄的皮肤可选用浅色质的混合色，以冲淡服色与肤色的对比。

- 白里透红是上好的肤色，不宜再用强烈的色系去破坏这种天然色彩，选择素淡的色系，就可烘托出天生丽质的美。

服色与性格

- 热情、开朗的人应用强烈明快的色系。

- 文静、娴雅的人应用素雅浅淡的颜色。

- 端庄稳重的人应选择清冷深沉的颜色。

另外，还有体形、年龄、职业等方面的因素，都会不同程度地影响你对服色的选择。你可以根据自己的特点，为服装确定几个色系。

在大的原则下，应该分出3套配色体系，具体是：

主色/淡色	搭配色
白　色	黑色和所有深色，以及鲜艳的色彩
浅米色	黑色、褐色、红色和绿色
浅灰色	褐色、深绿色、深灰色、红色
天蓝色	褐色、深绿色、紫红色、紫色、米色、深灰色
粉　色	米色、紫色、藏青色、灰色
浅黄色	黑色、藏青色、褐色、灰色
浅紫色	深紫色、褐色、藏青色
浅绿色	深绿色、红色

主色/深色	搭配色
黑　色	米色、白色、棕黄色；明快的色彩，如天蓝色或粉色
褐　色	白色、米色、黑色、橙红色、橙黄色、深绿色
深灰色	米色、黑色、所有浅的和鲜艳的色彩
藏青色	白色、柠檬色、绿松色、紫红色、鲜绿色、浅紫色
深绿色	天蓝色、白色、米色、鲜红色、浅黄色
深紫色	天蓝色
深红色	黑色、天蓝色、米色

主色/鲜艳的色彩	搭配色
蓝色（泛紫）	黑色、白色、鲜绿色（稍带一丝蓝色）
绿松色（蓝色泛绿）	白色、米色、棕黄色、藏青色
绿色（偏黄）	藏青色、黑色、白色、金黄色、柠檬黄、橙色、紫红色
鲜红色（朱红色）	褐色、白色、紫色

此外，如果你为自己过于丰腴或不够高挑而烦恼的话，不妨在颜色上试试下面几招：

■ 1.穿一种颜色或同一色调的衣服，如不同种的绿色或灰色，不但不会使人感觉沉闷，而且还能让人产生视觉错觉，看起来身体好像也被拉长了。

■ 2.深色中性色调的颜色会让你看起来更瘦长，而且容易搭配衣服。

■ 3.黑色是最显瘦和最显高的颜色，可以大胆地穿，但注意略低一点儿的腰线会使身体显得修长。如果你的肤色比较深的话，建议放弃这一选择。

另外，切记一点：

■ 身上的大块颜色最好不要超过三种，花花绿绿只会让一个女人显得很浅薄。

其实，如果每个人在选择衣服的颜色时，都能从自己偏爱的颜色中去充分发挥，向邻近的颜色延伸，那就会形成一个完整的、和自己肤色相协调的色彩系列，利用这些色彩来搭配服装，再考虑自己的性格、体形，最后必然会取得理想的穿着效果。这就是最适合你的色彩风格，也是你个人着装的色彩风格。

● 体 形

你可曾想过，你对自己身材抱怨的地方可能正是别人所羡慕的地方呢！

我曾经参加过一次服装演讲，有位女孩腼腆地举手说："我的腿太长了，要怎么穿衣才好？"问毕，在场所有的人都回头看她，甚至前排有人轻声地说："天哪，腿长也是烦恼？"设计师请她到台前来，原来这位女孩的上下身比例接近三比七，把上衣扎进长裤里，她的腿看起来就像飞毛腿，而不是修长的美腿。当设计师请她把上衣拉出来时，视觉效果立即发生了变化，她的腿变成了令人赏心悦目的修长美腿。现场观众纷纷赞叹，在短短一两分钟内，大家都感受到，身材没有好或差，重要的是你如何呈现它！

选择衣服的智慧之一就在于是否

了解衣服款式和身材之间的关系。衣服就覆盖在你身体的外面，它的线条、色彩与细节设计等正好可以平衡你原来的体形，重新调整你的身体比例。

通常来说，女人的体形分为5种，下面我一一地给出着装建议：

草莓佳人

如果你的肩膀较宽厚，往往具有上身粗下身细、倒三角形线条的身形特色。你的优点是能很自然地把衣服撑起来，穿出时尚女子独有的自信。

■ 可以穿较宽的裙型，如蓬裙，或是醒目条纹、格子印花图案的裤子或裙子，而不用担心臀部会显得太大。

■ 可以利用上深下浅的配色技巧，来平衡上身宽、下身细的比例。

■ 要避免任何具有加宽肩膀作用的款式，如有大垫肩、肩章、大荷叶领、"一"字形领、肩膀上有滚边或皱褶的设计，泡泡袖等上衣。

鲜绿丝瓜佳人

你的身材细细瘦瘦，属于长方形线条——胸部、腰部与臀部的曲线差距不是很明显。你的穿着打扮可以很中性也可以很女性化，能够发挥的创意空间很大。

■ 在衣服剪裁不紧身，布料不贴身的前提下，同时适合直的剪裁和有腰身的剪裁。

■ 可以穿着加宽肩膀的款式。如果臀部也不大，便可以穿蓬裙，让腰身相对变小，曲线也会因此而凸显出来。

■ 穿过于紧身或贴身的服饰，会让平直的线条完全显现出来，此时应该为自己加上第二件衣服，如紧身针织衫外加背心、衬衫或外套，等等。

水蜜桃佳人

　　蜜桃体形佳人的胸部、腰部与臀部线条皆很圆润，三围比例的差距不大，属于圆形线条的美女。

■ 最适合线条柔美的弧形线条服饰，如圆领、荷叶领衣服，鱼尾裙和有弧线设计的首饰，如叶子曲线、蝴蝶，等等。

■ 在布料方面适合柔软但不贴身，垂坠性佳的质地，但要避免厚重、硬质或有凹凸手感的布料。

■ 虽然适合线条柔美的弧形线条，但不可以全身都是圆形的设计，否则只会使你看上去更圆。也不可以全身都是直线条和刚硬线条——

和身材强烈对比，反而产生不协调或反强调的效果。另外，注意不要穿非常紧身的衣服，均匀、宽松是很重要的穿衣原则。

西洋梨佳人

西洋梨佳人的臀围比胸围大，臀宽也比肩膀宽，呈现出三角形线条的特征。

■ 可以将引人注目的细节强调在上半身，如出色的领型，具有对比色的衬衫和外套、醒目的扣子或胸前口袋、上半身的印花、美丽的首饰等，都能在视觉上创造出"转移焦点、强调重点"的效果，使臀部显得紧缩。

■ 下身选择柔软却不贴身且垂坠性佳的布料，也能使臀部、大腿感觉细瘦。而上浅下深的配色，则是理想的搭配技巧。

■ 最好不要选择的款式有：让肩膀看起来显得窄的袖形，如斜肩袖、蝙蝠袖等；臀部附近有复杂的设计，如对比的颜色或大的口袋、滚边、蓬蓬的碎褶裙、布料硬的斜裙或A字裙等。另外若腰部很细，与臀部产生太大差距时，请避免系太宽太紧的皮带让臀部显得更大。

可口可乐曲线瓶佳人

三围的比例玲珑有致，是公认最标准的体形。

天生是个衣架子，更需要穿对衣服来展现美丽。

■ 最适合穿能够凸显美好曲线的款式，例如合身的剪裁。

■ 若有些丰腴，则应避免太过刚硬或太讨贴身的剪裁和布料，同时若胸部比较大，则要避免宽松的上衣，否则看起来会大而无型。

■ 如果腰部特别细，要注意不可过分地强调它，否则会因为腰小而显得臀部很大。

其实，服装制作出来就是穿的。一套服装好不好看，绝不应该以它在衣服架子上的标准来评判，而应该让它和你的身材、品位、气质相互辉映，和你的身体曲线与律动契合。

● 搭 配

时尚发展到今日，其成熟已经体现为完美的搭配而非单件的精彩。这就像数学上的10个阿拉伯数字可以组合成千上万个数字，音乐上的7个音符可以组合成千上万支旋律一样。色彩不同、款式各异的服装，同样有着多姿多彩、趣味无穷的搭配。这种搭配包括服装与体形的搭配，颜色之间的搭配，款式之间的搭配，颜色与款式的搭配，衣料之间的搭配，服装与服饰的搭配。

其中前面两个我已经讲过了，服装与服饰的搭配留到后面再讲，现在先来看看中间的3个。

款式之间的搭配

■ 上下装的式样应趋于一致。如果中式女外衣套穿西装裙，那显然不合适。

■ 穿直筒上衣或宽下摆女式短上衣，不要套宽大的裙子。

■ 如果穿运动衫，最好是穿一套，脚上也应穿运动鞋。切忌上身穿制服，下面穿一条运动裤。

颜色与款式的搭配

■ 如果上衣是格子图案或条纹图案，那么裙子最好不要是同类图案的，而应是单一的颜色。反之，如果裙子是花的，那么上面宜配素色衬衫。

■ 花花绿绿的衬衫不宜套在外衣里面穿，如果直接将花衬衣穿在外面，效果会好得多。外套如果是比较正式庄重的衣服，里面的衬衣最好是浅色、素色的。

衣料之间的搭配

■ 上下装的质料最好比较接近。如果上身是笔挺的毛料，下身是一条没有裤线的布料裤子，那一定会显得不伦不类。

■ 裤子不宜用横条纹的面料。

■ 如果上身穿毛衣，那么下身的裤子或裙子也应是厚重质料的。

■ 毛衣里面最好不要套绸料衣服，一是容易把丝绸衣服弄坏，二是与毛衣质感不协调，让人看着不舒服。

服装搭配的原则也应该用到购衣上。当你购置一件衣服时，最好先想想，我衣橱里有哪些衣服能够与它搭配呢？我的姐姐曾经一时冲动买下了一条丝巾，后来她用几个月的时间为这条丝巾配了一件短上衣，又买了一条大裙子，最后又买了一双羊皮靴子。而在此期间，丝巾一直躺在衣橱里。她却花了预算之外的1000元。你是不是也有类似的经历呢？一件衣服买回来没衣服可搭配，你看在眼里是个心事，但又舍不得扔掉。所以最好是在买之前就考虑清楚，能不能与已有的服装设计出3种或3种以上的搭配呢？如果能的话，你就可以用为数不多的衣服，搭配出多姿多彩的穿着，而这也是其乐无穷的。

我想举一个自己的例子：

我喜欢红、白、黑3个色系，也知道自己的体形适合什么样的款式，现在我要为自己买冬装。我先买了一件红色高档呢绒大衣，考虑到在较暖和的冬日，用不着围围巾穿长裤，配上去年买的那双黑长筒皮靴，然后束腰一定会很漂亮。此外，我原来已经有一件黑色高领羊毛衫和一条黑色直筒裤，用这些搭配新买的大衣，红与黑的强烈对比，将会使我光彩夺目。现

在，我再为大衣设计出第三种搭配，我打算买一件白色中高领的薄羊毛衫，配上原有的质地较厚的白色呢子长裤，外面再套上这件红大衣，不系扣子，腰带松松地挽在两边，红白相配的强烈对比，正是冬末春初的最佳打扮。于是我买了一件白色中高领的薄羊毛衫。到春末的时候，脱掉外面的红大衣，直接搭配白裤，便是上下同色的穿法了；另外，和那条黑裤搭配也不错，白与黑的补色对比，会使人精神抖擞。在乍暖还寒的初春，我又想起自己有件深红色的开胸毛背心，把它套在白衣白裤的外面，不系扣，会给人明快欢愉的感觉。我又看中了一条红底大黑格的花窄裙，它配上白毛衣和红背心当然十分艳丽，若把白毛衣换成黑毛衣，又能获得另一种搭配效果。看，我总共买了3件衣服，却穿出了8种风格。当每一件旧衣服都可以重新搭配利用时，它就是新的。翻翻你的衣柜，你会发现许多这样的宝贝。

在衣着上富于变化，能够给人新鲜感。在适当的时候变换一下装束，能够使人的精神面貌焕然一新。只要搭配得当，为数不多的几件衣服，也可以变换出众多的穿衣风格来。所以，你应该多花些时间和精力在服装的搭配上，这不仅能让你以10件衣服穿出20款样子，还可以锻炼你的审美品位。

效果:
不做装在套子里的人

最近,英国的《Prima》(《普莉玛》)杂志选出"谁是英国女人心目中最会穿衣打扮的女明星",维多利亚击败凯瑟琳·泽塔·琼斯和妮可·基德曼,成为最会穿衣的女明星。这也难怪,既是贝克汉姆的妻子,自己也是名人,辣妹每天被狗仔们跟踪,出门买东西时都有镜头对着自己,怎么可能穿着邋遢地走出大门呢?

社会发展到今天,我们穿衣的目的绝不仅仅停留在蔽体和保暖的基本需求上,我们更多地讲究的是美感。这种美感主要是来自你的着装风格,不论是经典、自然,还是夸张、创意,都让人觉得你很美,很优雅，另外也不可忽略场合的重要性。

我们不要做装在衣服套子里的人，而应该做个会穿衣的优雅女人。

● 自　然

前文中我曾说过："化妆的最高境界，就是自然。"穿衣也一样，不论你的着装风格如何，美的极致也应该是自然——你的衣服与你的年龄、气质、性格、身份、举止等应该浑然一体，而不是看起来像是装在别人的套子里。穿衣自然的例子可以举出很多，我只挑出几个典型的，让你记住哪些是女人衣着自然美的最大杀手，从而走出这些着装误区。

你的记忆里有没有这样的一幕，一个穿着不错的女人手里提着大包小包的水果，把她的身体和衣服扯得歪歪扭扭。请你记住，高档服装只有在特定的场合下穿，才能显出其美观大方，所以不要在平庸、一般的工作场合里展示自己的经济实力，否则别人只会以为你是趁名店打折时淘来的或别人穿了不合身而送给你的。

其次，不要模仿他人。这个问题我在前面已经提到了。很多女人总是看见别人穿一件衣服好看马上就动心，喜欢跟在别人后面模仿，但你穿上那件衣服后可能会不伦不类。所以着装首先要认识到自身的特点，穿出自己的喜好与个性。

再次，不要流行什么就跟着

穿什么。喜欢赶时髦的女人时刻关注时装的最新动态，凡流行的都爱买，结果买回来的衣服不符合自己的气质，穿着显得怪异，还被人误解。有些不再年轻的女人还喜欢穿女孩的衣服，以为这样就可以挽回自己的青春，这是大错特错的。这类人的心情我可以理解，但是在装扮时如不顾自己实际年龄一味追求年轻，就会显得不协调，甚至有点儿滑稽。所以35岁以后的女人要用适当的款式和色彩来显示出自己的优雅与风度，给人以成熟之美。

做到以上这些，可以帮助你穿出自然的美感，但要注意一点：穿衣千万不要忽略了与场合的协调。

● 场 合

事实上，刚才提到的辣妹维多利亚，她成为第一名也是预料之中的事，因为每个重要场合她都会精心打扮。一个女人，即使是对衣着最不关心的女人，有时也会意识到某个社交场合是非常重要的。

大多数的时候，美国人比欧洲人穿着更为自由，甚至随便，但这并不意味着在美国你想怎么穿就怎么穿。作为一个女人，不顾场合地穿衣，即使很美丽，也会被视为没有修养或教养，所以我们更应该注意这一点。如果你收到一个特意标明"请穿着正式服装"的请柬，该怎么办？如果你是一个灰姑娘，被邀请参加舞会，该怎么办？你所在的公司里换了个新上司，你第一天见他，该怎么办？你要陪一个重要的客户到运动场上打球，又该怎么办？你要跟多年未见的老友重新聚会，该怎么办？面对西装革履、风度翩翩的魅力丈夫，你又该怎么办？

很多时候，女人面对五花八门的服装有些无所适从，不知道该如何把握尺度。你想从这种困境中解脱出来吗？那就来学习几招。

工作时

- 深蓝、黑色会让你显得冷静、智慧，但也可用亮色挑战传统的黑白，譬如说米白、银灰、粉红等。

- 在选择传统的黑、白、蓝、灰色系服装时更要注重款式的时尚，譬如时装品牌法涵诗在运用深咖啡色时，采用桑蚕丝面料，并用层叠的褶皱来显示女人味。

- 不要拒绝职业装上的刺绣、蕾丝、褶皱、流苏、荷叶边等，这些元素已不再是职业装的禁区。

- 选职业装时，要注重它的收腰设计，西装的V领向下开得大些，腰部配有小腰带等装饰更能显出你的小蛮腰。

- 裙装已经突破了传统的A字裙或一步裙，多是过膝包裙，这更突出了臀部曲线，散发着浓浓的女人味。

社交时

- 你的衣服可以很美丽，但要记住你才是真正的主角，是你穿衣服而不是衣服穿你。

- 最好选择酒红、黑、灰和紫色，这会让你显得庄重、高贵、沉稳。

- 其他浅色系礼服也是不错的选择，但最好不要穿大红大绿的颜色，因为在正式场合里，越醒目的色彩越压不住台。

■ 年长些的女人，穿长礼服会显得端庄。若是年轻、身材好的女人，不妨穿时髦的短礼服。

■ 黑色晚装容易淹没在人群里，如果配一条艳丽的披肩，那感觉就完全不一样了。

■ 大红上装加上金灿灿的大耳环，这种装扮很显富贵，适合40岁以上的女人。

■ 丰腴的女人可以穿裸肩的礼服，瘦削的身材就不必了，那会让人感觉你的胸部曲线是人造的。

■ 实在找不到合适的衣服，一条披肩和配饰即可塑造派对的感觉。

■ 礼服无论什么牌子，一定要做工精致，经得起观赏。

休闲时

■ 适宜穿色调轻松、能表现自我的衣服。

■ 法兰绒裙子、格子裙、卡其布长裤、对襟毛衣和平底鞋都是不错的选择。

■ 注意举手投足时衣服不能走光。

■ 如果你做运动的话，可以选择明亮的色彩，红色、白色、黄色会使你看上去充满活力。

■ 如果没有专门的运动装，可以选择弹性大一些的、耐磨损、价格不太昂贵的衣服。

作为一个女人，一定要学会恰当地打扮自己，知道什么场合该穿什么衣服。如果你穿着领口开得很低的或其他性感的服装坐在办公室里，就很难让人相信你的敬业精神。而穿着主妇的服装跟随丈夫出席宴会，会让人觉得你是他的保姆。

有时候，在不同场合的穿着不仅仅是为了自己，也是对别人的礼貌。我突然想起英国首相梅杰的夫人，当她的丈夫接替撒切尔夫人登上首相宝座时，英国服装界纷纷向这位夫人大献殷勤，为她的穿戴献计献策，但她却说："我要保持原样。"于是在很长一段时间里，她一直保持着原来的风貌，被英国人认为是"穿着最不讲究的人"，她的形象很让人失望。后来她与丈夫一起出国访问，换了一件时髦的新装，英国人终于松了一口气："第一夫人'焕然一新'了！"日本王妃小和田雅子在这方面是做得比较好的，她每次出现在社交场合，都会让人眼前一亮。她并不满足于服装设计师的设计，还会加上自己的精心构思，以求达到穿着温文尔雅、轻盈明快的效果。她不喜欢艳丽的服装，更不愿意将自己打扮成雍容华贵的贵妇人，她总是让自己尽量融入平民百姓之中，这也是她独特的风格。

优雅人生第4步

修饰你的细节

别小看了细节，也许仅仅因为指甲油的颜色不对就让你前功尽弃。

我永远不会忘记13岁时被姐姐在10个指甲上涂满了红红的指甲油，并在卫生检查时在全班同学面前伸出脏兮兮的可怜小手的样子。我记得后来母亲抓住我的手，用小剪刀一点点地把那些俗艳的红色刮掉。我们可以原谅一个小孩子的无知，但绝不能原谅一个成年女子因为疏忽而毁坏了自己的美的行为。

作为一个女人，化好了妆、穿好了衣服还远远不够，你要做的工作还有很多! 你的衣服虽然很好，但鞋子不合适，手提包过时，长筒丝袜又有破洞。你自以为穿着很美，但一条极扎眼的胸衣带子暴露出来。你背后长着很多"红豆"，但还穿着吊带衫或露背装。而你身上太浓的香水味又会把人熏得无法忍受，同时还会给人一种俗不可耐之感。作为一个女人，从头发的样式、护肤品的选用、服饰的搭配到鞋子的颜色，无一不需要你细心地面对。所以，从现在开始，请把你的细节修饰好。

阅 趣 图 拓
读 味 文 展
分 测 资 视
享 评 讯 频

微信扫码

头发：
你的第二张脸

　　头发是女人的第二张脸。你的发型往往体现着你的品味和内涵，同时也代表着你的心情。你千万不要让一身优雅的服装配着一头难民一样的头发，也不要以为头发梳理平整就足够了。这里可有点儿学问，首先你得保证你的头发是清洁的。其次，你得保证自己无头屑，绝不能长发飘飘也"飞雪"飘飘，更不能用手指甲时不时去挠一下。

　　接着，你得给自己设计发型。这个过程你可以寻求理发师的帮助，但绝不可以依赖理发师——理发师会推荐你今天换一个发型，明天换一个发型。而最适合你的发型只有一个，一旦你找到自己的发型，就把它保持下来，它可以作为你的形象标志。看到靳羽西了吗？她起码有20年没换过发型了，已故的摩洛哥王妃格蕾丝也是这样。当你为了跟衣着搭配而不得不改变发型时，不要去美容院做大规模的修剪，而是应该借助发胶、发卡、定型膏等弄出新造型，毕竟衣服穿过了就会脱掉，头发剪掉了可不是一时半会儿就能长出来的。

还有一些女人会问："那我要不要染发呢？"我始终认为，上帝给我们的头发就是最适合我们肤色的头发，我们为什么要把它染得让人看起来不伦不类呢？

另外，还有一个问题，如果你已经年过40岁，有着一头不错的长发，我建议你最好把它盘起来增加自己的优雅，而不是披在肩上装出少女般的飘逸样子。

阅 趣 图 拓
读 味 文 展
分 测 资 视
享 评 讯 频

微信扫码

配饰：
画龙点睛VS画蛇添足

　　衣服仅仅是第一步，你在预算中还应留出配饰的空间，而且它们还一定要符合你的气质，而不是成为与你不相干的、扎眼的东西。

　　谈到配饰，我首先想到的就是首饰。女人是世界上最喜欢首饰的动物。有些女人拥有全套的钻石首饰、珍珠首饰，还有一些天然饰品，搭配衣服的时候可以随意选，这样感觉很好。但身上首饰如果过多，从上到下叮叮当当，则会给人一种浮华和俗气的感觉。我曾在一次酒会上邂逅了一位名媛，她把全套珠宝戴在身上还不够，甚至在头上还顶了个金灿灿的皇冠，看见她的人都对她肃然起敬，以为是碰见了哪国的王妃，后来人们才知道是误会。

　　记住：在一身的穿戴中，首饰是独一无二的——你的两只手上只可以戴一枚戒指。因为首饰是用来增添你的光芒的，而不是夺走你的光芒。

　　当你穿着闪亮的衣饰在晚宴和派对上亮相时，全身除首饰以外的亮点不要超过两个，否则还不如一件首饰都没有。通常情况下，一个女人需要佩戴的首饰也就是四五样：

耳环、戒指、项链、胸针、手镯，佩戴时不仅要与你的服饰、发型、场合相吻合，还要照顾首饰之间的协调性。

添上配饰是画龙点睛还是画蛇添足，全看你怎么搭配了。

● 耳 环

我永远记得不知从哪里看到的一个女人端着酒杯、耳环晃荡的形象。但除了参加晚宴和舞会外，你白天千万不要戴这样的耳环，尤其是在办公室里。下坠的耳环配上迷人的晚礼服会让人觉得你很高贵、性感、妖娆，而在办公室的成堆公文里却显得你很散漫、浮躁。

如果你是个喜欢戴耳环的人，而且脸蛋丰满圆润，那你在同一时间应该准备至少两副耳环：

为自己的夜生活准备一副坠式的耳环，它会使你的脸稍显瘦长。如果此时你再把头发向上拢到耳后的话，脸庞的曲线就会显得更动人了。

白天你还可以为自己准备一副大点的夹式耳环，注意形状不能是圆的。如果你的脸蛋瘦削，一副耳环就够了。精心选购一副扣式的耳环，它能使你瘦长的脸蛋显得丰满一些。

洗澡、洗头发的时候应该把耳环取下来，防止不小心拉伤耳垂引起发炎。睡觉前也应将耳环取下来，防止耳环在枕上摩擦，挂住线丝。另外，除非衣着搭配的需要，你应少戴宽的、纯金的耳环，因为它的颜色和沉淀感会让人觉得你是个粗俗的暴发户。

● 戒 指

我曾经看过一个女人把戒指戴在右手的食指上，感觉很奇怪。在传统观念中，左手才是上帝赐给我们的运气，它与心相连，因此，戒指戴在左手上才有意义。如果你手中拿的是一枚钻戒或其他贵重的戒指，戴之前可要当心了，因为戴在不同的手指上传递着不同的信息：

■ 食指：表示未婚，但想结婚。

■ 中指：已经在恋爱中。

■ 无名指：表示已经订婚或结婚。

■ 小指：表示独身。

如果你很想把戒指戴在右手上，那就按照传统的说法戴在无名指上，据说戴在这里，表示具有修女的心性。

如果你戴着手套的话，该怎么戴戒指呢？如果你戴的是冬天宽松的防寒手套，到地点后把大手套脱下来就行了。如果你戴的是紧手套，最好还是把戒指摘下来吧。戴安娜曾经说过，英国皇室有些成员把戒指戴在贴身的手套外面，那是极不雅的，不要因为她们是皇室，我们就盲目地跟风了。

另外，贵重的戒指在你洗手、洗澡、做饭、睡觉时都应拿下来。

● 项 链

项链与服饰的关系是最为密切的。如果你不明白该怎么搭配，请熟记以下几点：

- 1.穿套装或羊毛衫时，可以戴一串珍珠项链。如果身处乡下，可以戴一串彩色珠串。
- 2.穿彩色裙子时宜戴珍珠项链，或者几串搭配得很好的彩色珠子。比如黄色的珠子配橘黄色的裙子，珊瑚珠子配淡蓝色的裙子，绿松石配米色的裙子，而翡翠则配藏青色的裙子。
- 3.穿黑色裙子时宜戴3串连在一起的珍珠项链。
- 4.穿印花裙子时宜戴珍珠项链或者彩色的珠串——要能衬托出印花中的某种颜色。
- 5.乌黑的项链只有配上白色套装才好看。

我相信很多女人在戴项链时都曾犹豫过，该放在衣服里面呢，还是放在外面？如果只是一条细细的小链子，当然要放在里面，让项链的宝石或钻石坠儿在乳沟上方若隐若现。当你穿着高领的毛衣或羊绒衫时，只能把那些比较粗的、明显的项链放在外面，譬如说大颗的、圆润的珍珠项链，粗链的项链和多重的项链。当戴多重的项链时，注意项链的层数要是奇数而不能是偶数。

此外还得注意两件事情：不要让项链的搭钩滑到前面来，洗澡、睡觉时请把项链拿下来。

下面我再简要说一下胸针和手镯。胸针通常是别在左肩上方，如受领子影响，也可别在翻领上。这时要注意两点：一是胸针颜色与服装颜色的搭配；二是胸针造型跟衣服款式的搭配。后者有时凭的是眼睛的感觉，前者则有一点儿窍门：

■ 穿浅色衣服的时候可配稍稍带点颜色的胸针。
■ 穿深色衣服的时候佩戴浅色的或明亮的胸针。

手镯，十分适合穿长袖衣服的有着瘦长胳膊的女性佩戴。而对胳膊和手腕丰满的女性来说，手镯产生不了装饰的美感，不戴反而好些。

戴手镯时，对手镯的个数没有严格限制，可以戴一只，也可以戴两只、三只，甚至更多。

■ 如果只戴一只，则应戴在左手而不应是右手上。
■ 如果戴两只，则可以左右手各戴一只，或都戴在左手上。

■ 如果戴三只，就应都戴在左手上，以造成强烈的不平衡感，达到标
新立异、不同寻常的效果。

因为手镯与戒指的距离最近，所以还必须考虑两者在式样、质料、颜
色等方面的协调与统一。

女人似乎是首饰的奴隶。莫泊桑笔下有个路瓦栽夫人，她借了一
串钻石项链参加晚会，结果却把它弄丢了。为此，她付出了十年青春，
变成了一个负债累累的女人。当她还清债务时，却被告知当年那串项链
是假的。这是多大的悲哀，女人，有几个十年可以浪费！我也曾问过一
位戴过价值数千万元的项链的女人，她说："首饰只不过是女人的一场
梦。梦醒了，你还是你自己。"

● 帽 子

从全球的时尚女性来看，不管是永远的黛安娜王妃，还是日本的百变天
后滨崎步，甚至是英国女王伊丽莎白，她们对帽子都非常热爱。帽饰虽小，
却有惊人的聚光效果。作为一名现代女性，学会巧妙地运用帽子，能给人耳
目一新的感觉。

帽子与服装搭配法则

■ 1.帽子与衣服色差较大时，有可能显得身材
较矮。

■ 2.帽子与衣服同色系，则可给
人身材修长的感觉。

■ 3.帽子的色彩要因肤色而

定，脸色偏黄不适合黄绿色调，可选用灰粉等色；肤色黑或白的人选色余地就比较大。

另外还需要了解的是：

帽子与脸形

■ 圆形脸：为了使脸看起来不那么丰满，选择有较长帽冠、不对称帽檐的帽子，可以增加脸的长度，有立体感。

■ 方形脸：显眼的帽冠和不规则的边，能使方形脸显得柔和。

■ 长形脸：由于脸形的弧度比较狭窄，所以适度的帽冠显得尤为重要，切忌帽檐太窄。

■ 三角形脸：由于下巴比较尖，所以有高帽冠或短而不对称帽檐的帽子就非常适合，能够让人忽略尖尖的下巴。

帽子居然有这么多的好处，难怪众多名人如此喜爱它呢！其中，英国女王伊丽莎白二世是世界上名副其实的"帽子女王"，她的帽子多达5000顶。在位50年，她每次公开露面都必定佩戴着精心设计的与服装搭配的帽子。拿英国皇室的话说："帽子绝不是一件简单的服饰，对一位君主而言，帽子是其服饰中不可或缺的一部分。"

● 眼 镜

我总觉得自己戴了眼镜不如不戴眼镜好看，所以，在出席酒会的时候，我总是戴隐形眼镜，这是不得已的，因为我近视呀！对女人来说，戴眼镜的有三类：一类是眼睛近视的人，这类占绝大多数；一类是远视的人，通常是上了年纪的女人；一类是视力正常的女人，她们把眼镜当作一种装饰品或者是夏天防紫外线的工具。

我先从第一类人说起。近视眼镜会让你的美丽大打折扣，因为这种眼镜的镜片会令眼睛看起来变小了。你可以通过巧妙地化妆弥补这一缺陷：

■ 化妆时重点强调眼部，将眼线描深一些、浓一些，可以使眼睛看起来大些。

■ 眼影色彩以单纯为好，丰富的眼影色彩会减弱眼睛的形象。

■ 如果你本身睫毛很长，涂上睫毛膏后易碰到镜片上，会使视线模糊不清，所以最好不要涂抹。

如果你戴的是隐形眼镜，就不会影响你的美丽了，但此时应注意安全：

■ 用于眼睛四周的护肤品及化妆品应避免油腻，否则易进入眼内使隐形眼镜变得混浊甚至被损坏。

■ 佩戴隐形眼镜后再化妆，这样才能看清楚；除去隐形眼镜后卸妆，
避免把残留化妆品带入眼内。

■ 使用粉饼时，抖掉多余的粉以防止其进入眼内。

■ 无蔓延性脂类眼影效果较好，稍用力就可方便地上色。

■ 涂睫毛膏不可用细毛刷子，防止其进入眼内。

■ 画眼线时不可太靠近眼睑内侧，防止刺激眼睛。

■ 当镜片在眼内时，不要喷香水。

对于第二类人，如果你已经上了年纪，最好不要选择款式另类、颜色绚丽的镜框和镜片。你可以选择金属细框镜架，这样看上去显得斯文娟秀、高雅清丽；你也可以选择琥珀彩纹框镜架，这样看上去很古典；你也可以选择复古的圆形细框镜架，这显得你智慧、自信且有学者风度。至于镜片，淡咖啡色会是不错的选择。

如果你是第三类人，当你戴装饰性的变色眼镜时，可以涂上浅浅的暖色调或明亮的珍珠色眼影，或者只是描出眼线而省略眼影。如果你戴的是防紫外线的太阳眼镜，到了别人家里一定要拿下来。如果你戴的是大墨

镜，和别人说话的时候请摘下来，因为墨镜给人的感觉是你躲在门后与别人说话，说的也不是真心话。

至于脸形与眼镜的关系，你可以向专业的配镜师咨询，也可以耐心地试戴一上午，直到镜中出现最美丽的自己为止。

● **丝 巾**

有时候女人们常常对着自己的衣橱叹息，其实你的衣橱里少的不是哪件衣服，而是几条百搭不厌的丝巾。从服饰的整体来看，丝巾也许只占了很少的部分，却能够展现出女人的万种风情。聪明的女人总能够发掘出丝巾的装点效果，与服装的款式风格交相辉映，并通过不同的系法与衣服进行巧妙的搭配，塑造出不同的风格。

女人爱丝巾，就如同爱香水般自然。每条丝巾、每种系法都能表达出女人不同的情怀。

《罗马假日》中，奥黛丽·赫本坐在车上兜风，丝巾随风飞扬，那

一刻，人们记住了赫本，同时也记住了丝巾。她也曾说过："当我戴上丝巾的时候，我从没有那样明确地感受到我是一个女人，美丽的女人。"

大多数女人都是平凡的女人，喜欢钻石未免太过奢侈，喜欢鞋子又与名声不佳的伊梅达尔·马科斯的爱好相似，所以你最好的选择应是丝巾。衣服或许可以挑一些平实却有别致之

处的牌子，然而丝巾务必选名牌，一条劣质丝巾不啻

于一个醒目的补丁。在购买的时候应该注意以下

几点：

- 选购丝巾、披肩等与选衣服一样，首先要试戴，只有戴上它才可以看出效果。
- 看颜色是否与自己的脸色相称，与你所拥有的衣服的匹配程度高不高，买它是用来搭配宴会装还是搭配办公着装。
- 考虑它与口红颜色、腰带或提包等小饰物的匹配度。

然后就是考虑跟你的哪些衣服搭配了。

- 较高难度的搭配方式是当衣服和丝巾上都有印花时，衣服和丝巾的花色必须有主、辅之分，一般建议以丝巾的印花为主、衣服的印花为辅。
- 如果你穿有简单条纹或格子的衣服，就比较适合搭配印花丝巾。
- 如果衣服和丝巾都是有方向性的印花式样，则丝巾的印花应避免和衣服的印花重复，同时也要避免和衣服的条纹、格子同方向。

选准了你要的那条，就可以在小小丝巾上大作文章了。除了有传统的围颈式、蝶花式、围头式、领花式、头箍式、三角式等系法之外，你

还可根据大小长短的不同和自己的喜好将它或系于腰间，或挂在胸前，或围成头饰，或系在包上，或者当成腰带、肚兜、帽子，或是折叠成衬衫、外套等。

美籍土耳其人阿丽丝是我身边最爱丝巾的女人，她有几句"名言"——"出门旅行，带十套衣服和两条丝巾的女人与带十条丝巾和两套衣服的女人，智商相差至少50""手袋内常放一条丝巾是明智的，它可以随时幻作面纱、肚兜、披肩、腰带、手环甚至意外事故的绷带""来不及打扮自己时，一条好看的包头丝巾和一个好看的微笑十分必要""当我70岁时，我仍然要每日清晨为自己选得体的丝巾。"

看来丝巾已经不再是一块花纹美丽的绸布而已，而是一个女人的试金石，一块有关美丽、智慧的试金石。正像玛丽亚·古琦的那个广告："戴丝巾的女人决不容许自己受伤"，画面上是一位戴古琦丝巾的女人微笑着剪下那个方才对她信誓旦旦、转眼又去约会别人的男人的半截领带。

● 手 袋

詹姆斯·凯恩那本《邮差总敲两次门》的谋杀案中有一个结论："一个女人谋杀了自己的丈夫，而跳车的时候，她手里紧紧抓住一个手提包——一个女人在跳车之前伸手抓她的手提包，这不证明她有任何罪过，只能证明她是个女人。"可见女人对手袋是情有独钟的。但女人为什么爱手袋呢？我的答案是手袋解放了女人的身体，女人不再需要在衣服上缝上很多个口袋，这使服装能够保持整体线条的流畅，满足女人展示自己曲线的欲望。此外手袋还兼具修饰、显示品位、携带随身物品等等妙用。

最初的手袋是鱼网状的小钱袋，这种系上长绳的小袋便于拿在手上，是名副其实的手袋，后来，就渐渐演化成现在的手袋了。一生之中，女人与手袋的"爱情"总会发生几十次。

在正式的社交场合中，随身饰物会反映出一个人的地位与品位，于是便有了"男人看表，女人看包"的说法，所以你绝不可忽略随身携带的小手袋。

■ 一般情况下，手袋要用中性色，可与鞋同色或稍浅。

■ 色彩亮丽的手袋，若具有简洁的线条、大方的款式，则可以诠释女人们对浪漫知性的追求。在穿素色衣服时，更不要回避抢眼的艳丽手袋，它会让你的整体装扮明艳多姿，将你的炫目程度推至最高点。

■ 皮革质地的手袋一向以耐用著称，如今加入越来越多的色彩后，一改往日深沉低调的感觉，款式也多种多样，最适合搭配正式场合的衣服。

■休闲的时候，夏天可选白色的藤织或草织手袋，与蓝、红、绿色的服装搭配，显得风韵有致；若配上粉红、浅黄、浅紫色服装，则可衬托出高雅的气质。在春天或秋天选用藤织袋最适用。在冬天不要选择太薄、太透明的手袋。

■在晚宴或酒会上，可以使用精致的小银手袋或其他散发光泽的手袋。

以意大利南方风情和墨西哥式狂放的民俗混血色彩闻名的大师克莉丝汀就不止一次说过："我一向对配件着迷，因为对于整体风格的搭配，配件具有决定性的影响。"难道不是吗？当你负担不起昂贵的名牌套装时，一只手袋就可以令你跨进时尚的大门。

我自己，大大小小共有45个手袋，这令我在各种场合都很从容。根据心情、服饰，每天为自己更换不同风格或不同色彩、款式的手袋，总会给自己带来享不尽的快乐，不信你就试试！

● **手套**

手套最初兴起是由于女性与外界接触的日益频繁，握手、吻手是常见的礼仪。进行这些礼节性活动时，手套就成了保护女性的一种屏障。然而，手套的意义绝不止于此，几个世纪以来，手套一直被视为女性优雅魅力的象征之一。

上面提到过的日本雅子王妃有很高雅的的衣着品位，有趣的是，她无论穿着何种服饰，都个会忘记戴一副白手套，以显示皇室的庄重。手套的确可以令一个女人更加风情万种。事实上，很多时尚专家认为手套与衣服相辅相成，是衣着品位高雅的女士的必不可少之物。

■ 选择手套的原则是：衣袖越短，手套就应越长，如果穿短袖、无袖或者无吊带的衣服就应该戴长手套。

■ 白色手套以及跟白色同一色系的手套，如象牙色、米色、灰褐色等都是手套中的经典，可以在任何适当的场合戴。不要用黑色手套搭配白色或浅色的衣服，但可以用来搭配黑色、深色或蓝色系的衣服。除了白色和黑色，其他颜色的手套应跟你所穿衣服的颜色系列相协调。

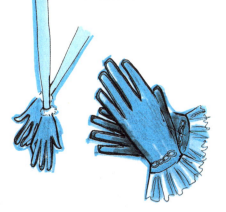

此外，你还得了解一下手套的佩戴原则：

■ 应在出门之前戴上手套，不要在大庭广众之下戴。

■ 跟别人握手或者跳舞的时候不要脱下手套。

■ 就坐用餐时应该脱下手套，用餐完毕后再戴上。

■ 如果你想优雅地抽一支烟，不要戴着手套直接抽。

■ 喝鸡尾酒时，请把手套脱下来。

■ 不要戴着手套对着手机大声说话，这会让你仪态尽失。

● 指甲油

在埃及艳后克莉奥帕特拉的墓中，考古学家发现了一个公元前2000多年的化妆盒，里面装的竟然是指甲油。

有一次，我在一个高档俱乐部的游泳池边休息，看见一个年轻女子十指涂着淡粉色的指甲油，既不张扬又不保守，美丽的指甲与柔嫩的肌肤交相辉映，她的手似乎也成了一件艺术品。再往下看，她的双足的指甲上也涂着相同的颜色——那白皙柔嫩的足踝像一幅无任何瑕疵的静物画，给人以美的享受。

对女人来说，手和足都是容颜的一部分，你要像对待脸一样，给它们以细心的呵护。不过，你知道怎么为自己选择指甲油吗？这不难，把握住下面3点就行了。

■ 1.皮肤较黑的女性适宜颜色较深的指甲油，皮肤较白者则适宜颜色较浅的指甲油。

■ 2.中老年妇女宜选择颜色较深的指甲油，青年女性则应选择颜色较浅的指甲油。

■ 3.手指脚趾比较短的女性,指甲油
应涂浅色的。相反,手指脚趾
比较长的女性,则应该考虑选
择深一点儿的颜色。

选择好了,下面就该学习正确的涂指甲油的方法了,共分4个步骤:

■ 保养:每次洗完手后抹上护手霜,加强保湿功效,或者将手浸泡在混合化妆水的温水里数分钟,擦干后涂上保养品。

■ 修剪:使用剪指甲用的小剪刀来修剪出漂亮的指甲形状,但不要剪得太短。剪完后用磨刀朝同一方向打磨,将修剪突出或不整齐的部位磨平。

■ 涂护甲油:在指尖涂上乳液或者是醋,然后涂上一层护甲油,待干后再涂上指甲油。

■ 涂指甲油:由指甲的中间往下涂,涂完下半部再涂上半部,溢出指甲外的指甲油可以用棉棒蘸去光水擦拭,干了以后再涂上透明的指甲油。

这个原则同样适用于脚趾甲。此外我想提醒你一点,假如你没有精力细心呵护双手双足的彩甲,就不要涂指甲油,特别是艳色的指甲油,不加养护的话，它们会脱落得像旧墙油漆似的。

● 袜 子

这里讲的袜子主要是指春夏秋季穿在外面搭配衣服的丝袜。它不但是女人的贴身知己，更是服装整体搭配中的重要元素。丝袜不仅能保护腿、足部的皮肤，掩盖皮肤上的瑕疵，还能与衣服相搭配，增添女性的魅力。所以丝袜绝不能随便穿，而应根据自身特点和着装风格进行合理的选择。袜子穿得是否得当，在整体视觉效果上，会产生很大的影响。只要搭配适宜，袜子完全能做到"扬长避短"，使双腿看起来更高挑修长。

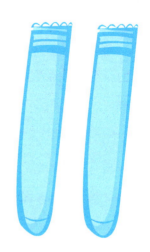

袜子的颜色

■最简便的办法，是使袜子颜色与肤色相近。

■丝袜色调应与上衣的颜色相呼应，不要使丝袜颜色太扎眼。

■丝袜与其他配饰的颜色尽可能一致，并且不要与裙装是对比色，如果你穿着一条黑色的长裙，若隐若现的开衩处却呈现出光鲜的姜黄色丝袜，就实在太出位了。

■对于多色有花纹的上装，则要选择与上装中那种颇为抢眼的颜色相同的丝袜。

■学生蓝的裙装很淑女，配以白色丝袜和浅色衬衫，别具清纯的味道。

■ 加上袜子的颜色，全身色彩绝不要超过4种。

袜子与鞋子

■ 丝袜和鞋的颜色一定要相衬，而且丝袜的颜色应略浅于皮鞋的颜色。

■ 如果鞋子本身颜色很艳的话，请尽量选择接近鞋子底色或鞋子上较深颜色的袜子。

■ 如果穿纤细小巧的高跟鞋，最好不要穿厚袜子。反之，薄袜子也不宜与球鞋、厚靴相配。

■ 大花图案和不透明的丝袜最宜搭配平底鞋。

■ 白丝袜与白鞋很容易令人看上去又胖又矮，因而体形偏胖或偏矮者应该避免这样穿。

■ 上班族不要穿彩色丝袜，它会给人轻浮、不稳重之感。

■ 图案细小和透明的丝袜最宜配高跟鞋。

■ 健身时的运动袜最好选择颜色较为鲜艳的短袜，这样才不至于让鞋子抢了风头。

袜子与腿形

■ 如果你是位身材高挑的女性，那么有着明黄、天蓝等鲜艳色彩的丝袜最适合你的优美腿形。

■ 透明的丝袜，只适合腿部纤细的女性穿着。

■ 腿部较粗的女性宜穿深色、直纹或细条纹的丝袜，因为这些丝袜会产生收缩感，使双腿显得较细。

袜子与衣服

■ 如果你身上穿得繁杂，脚上穿
  的就应该简单、清爽。

■ 对于日常忙于上班的职业女
  性，不妨选一些纯色的丝
  袜，要记住深色服装
  配深色丝袜，浅色服
  装配浅色丝袜。

■ 剪裁简单及颜色明净的上衣，可与略带细致花纹的丝袜配在一起，
  增加清丽动人的感觉。

■ 参加盛会穿晚装时，配一双背部起骨的丝袜会显得高雅大方，但穿
  此类丝袜时，注意别将背骨线扭歪，否则就是失仪。

■ 穿连裤袜时，则不应再穿底裤。

学会丝袜的搭配了吗？当你袅袅婷婷、感觉良好地走在林荫道上的
时候，还要注意一点，在你的背包里有一样东西必不可少——一双备用
丝袜。穿"走丝"的袜子出门，无论你的腿怎么美，也会失去风度。

内衣：
女人的贴身情人

内衣如同女人的贴身情人，女人对于内衣的情感，本质上是一种隐秘的快乐，有哪个女人不对情感倾注心血呢？优雅的女人更是如此。

我一直对朱莉娅·罗伯茨的完美身材很妒忌，后来才听说原来她的上胸围很小，之所以拥有如此惹火的身材，完全是一种凝胶文胸所赐。所以，你看到的那些女明星穿着低胸露背或又薄又透的衣料，看似真空，其实都是穿上了设计巧妙的内衣才使得胸部保持又挺又集中。

内衣可能是人类最早的服装。当初在伊甸园里，夏娃受了蛇的引诱偷吃了苹果之后，开始用树叶遮住自己的羞处，这片树叶便可算是内衣了吧。随着时光的流逝，内衣的材质、款式和功能都发生了巨大的变化。对现代女性而言，内衣也不再仅仅是为了遮羞，它还具有装饰、矫形的功能，衬托得女人的曲线更优美、更玲珑。此外，它还起着美化外在衣着的作用，不同的内衣可以衬托出女人外在着装的不同效果，可以更好地展示出女人美妙的体态、独特的气质和不俗的品位。

内衣、外衣搭配技巧

■ 搭配休闲装　穿着T恤或针织衣物时乳房的线条会特别明显，无缝胸围或全杯的简单设计最为合适，既能防止胸围线条显露于T恤上，也能为双乳缔造出更浑圆的造型。

穿牛仔裤时最好配条质地柔软的内裤。

■ 搭配职业装　职业装、套装的设计多以胸部和腰部线条为重点，所以应选择全身束衣，而采用立体裁剪的束裤对腰、腹、大腿及臀部的多余赘肉都会有很好的收紧和修饰作用，使穿者倍增自信。

■ 搭配露肩的晚装　这种服装多为突出优美线条而设计。较丰满的人可以选用侧面加垫的内衣，胸部单薄的人必须选择向上拉力强、下面有软垫的式样。同时还要注意不可露出肩带。

■ 搭配运动装　为配合较大幅度的动作，并考虑舒适与活动性，应选择质料柔软富有弹性的内衣，这样，就算做剧烈运动也不成问题。特制的交叉肩带款式能更有效地防止肩带滑落，令穿者活动自如，适合剧烈运动时穿着。

穿内衣时，还要注意正确的姿势：

■ 将内衣肩带套在肩上，上半身略往前倾，托住文胸下面的钢圈。

■ 将乳房全部放入罩杯内，保持上半身前倾，扣上背扣，将腋下以及背部赘肉推进罩杯。

■ 调整肩带长度，以可以伸进一指的松紧度为宜。

■ 调整后面的扣环，以你最舒服的感觉为准。

在选择内衣的时候，有两点要把握住：一是要穿真正的好内衣。我始终认为女人外面的衣服可以不必那么昂贵，干净、合身、得体就好了，但是穿在里面的，一定要是最好的，这样才是真正爱自己的表现。二是注意松紧大小的适中。现在的布料都具有弹性了，但在以前可不是这样，女人一旦眩晕了，就要先解开她的胸衣，让她能够喘气，甚至有的女人还穿过铁质的胸衣。这些过紧的、套子般的胸衣会引发乳房疾病——生病的乳房怎么也不会美。

鞋子：
做"足"优雅功夫

有这样一种说法：女人18岁时可以为了一件印花吊带衫掏光身上所有的零花钱；女人23岁时喜欢用一条很不错的小丝巾扮出职业女性的成熟感；女人28岁时舍得拿出半个月的薪水换来一只名牌的包包；女人30岁时狠狠心买下的那双名牌鞋子才是自己最忠实的朋友。

我想说的是，绝不能让你那双昂贵的鞋子使你的形象大打折扣。要避免这一点，就要做"足"优雅功夫。首先让我们来了解一下鞋子与服装的正确搭配方法：

靴子

■ 靴子一般分为长筒靴、中筒靴和短筒靴，适合与牛仔裤等式样紧瘦的裤子搭配，不宜与西裤、宽筒裤搭配。需要注意的是，装饰较多且时髦的高筒靴只适合个高腿长的女性。对于腿形好看者，短裙搭配中筒靴最为洒脱。而短筒靴对于中年女性及职业女性尤为适合，不论穿裙子还是裤子，短筒靴都显得较稳重成熟。

轻盈便鞋

■ 圆头或小方头的便装皮鞋舒适清爽，一般由小牛皮、磨砂皮等材料制成。如果你崇尚潮流，又不想失去淑女风范，它将是你的最佳选择。

经典女鞋

■ 在此类鞋款中，色彩一般以黑、灰等暗色为主。皮革以质地细腻、柔软、光亮的小牛皮为首选，偶尔也可以尝试翻毛皮与鳄鱼皮。

■ 酒杯跟女鞋则富有戏剧性，搭配于华丽的晚礼服下，性感的你会更显婀娜多姿。鞋头尖尖、后跟高高的精致女鞋，又会于悠然的经典中透出前卫的锋芒。

厚底女鞋

■ 厚底女鞋看上去又厚又笨重，然而搭配得当，则可穿出别具一格的美感。

休闲运动鞋

■ 它会让你在闲暇时感受到生活的轻松。它多采用一些新型材料制成，轻便透气，行走自如。高帮复古球鞋于前卫中透出古典之美，可与简洁优雅的裙装相搭配。新款的运动鞋，橡胶鞋底向前延伸上翘至鞋尖，若与T恤搭配，则具有清新靓丽之美。

　　除了款式之外，你还得考虑鞋子的颜色。有些衣服的颜色较为独特，是需要专门的鞋子来搭配的。至于其他的，有了下列4种色彩就可以应付了。

- ■ 黑色：最实用的色彩，必备鞋款当然是一双适宜春夏穿的半高跟黑色皮鞋。

- ■ 驼色：最基本的色彩，同时也是很摩登的颜色。而且，驼色在四季之中都有不俗的表现，根据不同的搭配也可以衬托出或摩登，或干练，或文静的气质，可谓百搭之款。

- ■ 红色：色彩搭配合适可以大大增加你的漂亮指数。建议你在冬天购买红色的尖头短靴，在夏季备上红色的露趾高跟凉鞋，你会发现，这两双鞋子轻而易举地为你搞定很多时髦的搭配。

- ■ 金色：一双金色的高跟鞋是晚宴等奢华场合不可或缺的点睛之笔，搭配黑色、红色等基本色衣着都很出位。

女人最爱犯的错误是追逐流行。本季流行长筒靴，大街上便会出现女人漂亮的长筒靴与长裤的新新组合。有些女人对自己的身高缺乏信心，于是穿跟太高的鞋上班，这样会让人怀疑你的工作能力。有的女人喜欢穿如赤足般的纤细凉鞋赴宴，这样就有失稳重感。还有不少女人有只顾头不顾脚的习惯，成了高档服装与低档鞋搭配的败笔。看女人的品位不仅要看衣服，还要看细节。地摊上的廉价鞋不管样式有多新颖，也肯定会让你的风韵大打折扣。

香水：
闻香识女人

　　香水犹如无字的名片，悄无声息地讲述着一个女人的故事。在电影《闻香识女人》中，盲人中校能根据一个女孩用的香水判断出她的家世、性格、喜好。没错，对有品位的女人来说，香水是艺术品，它的价值并不亚于华丽的时装和昂贵的珠宝。在很多场合，香水已经成为一种无声却完美的语言，它能够细腻地展示出一个女人的文化素养、对生活的态度，甚至她所处的社会地位。正如著名时装设计师让·巴度所说："优雅的女人对香水的鉴别和品位，应该和她展示在服装上的魅力同样令人信服。"

　　根据香水中香精油的含量，香水可分为香精、香水、淡香水、古龙水、花露水几种。通常我们选的都是前3种。我在逛商场的时候，总会把柜台里的香水看个遍，然后挑一款心仪的，这个方法并不难。

　　■ 首先问自己这些问题：生活中哪些香味是我非常喜欢的呢？我喜欢什么花？喜欢什么颜色？喜欢什么样的香味？你可以回忆一下，你曾经闻过的气味中，哪一种为你营造过最舒适和谐的瞬间？你可以由此来确定你的定位。

■ 另外，早晨嗅觉最灵敏，你可以在早晨去选购香水。选购的过程中，不要使用有其他香味的化妆品，因为那些香味会干扰你的嗅觉。

■ 准备几块小手帕，用来试洒香水，这样在你无法当场决定时，回家还可以再仔细闻一闻。

■ 不要试闻多款香水，最多只能试闻5种。

■ 同一牌子的香水，如果香精含量不同，香味也会略有差异。滴几滴香水后离开柜台去其他地方逛一下，半小时、一小时后再回来，如果你确实喜欢这种味道，它就是最适合你的了。

我始终认为香水是女人的第二层肌肤。然而，只有正确地使用它，才能令女人在若有若无的香味中从容地展现自己的优雅：

■ 香精是以"点"，香水是以"线"，淡香水是以"面"的方式使用的——浓度越低，涂抹的范围越广。

■ 擦在脉搏上是常识，若是擦在手肘内侧或膝盖里侧会更好。因为这些部位经常活动，皮肤温度高，会更有效地散发香气。这两处是涂香水的最佳部位。

■ 把香水涂在耳后与颈后，香气会若有若无地弥漫，但要懂得控制用量。

■ 腰际是香水强弱的分界线，自己的腰际正是散发朦胧优雅香气的部分。

■ 人潮汹涌或密闭空间，请擦在摇动的部

位，如脚、脚踝内侧和裙摆上。

■ 虽然在丝袜上擦香水的人很少，但在穿上之前，先喷一喷，就会有出乎意料的隐约气息，而且香味可以更持久。

■ 男人最爱闻的香味来自头发，再者就是指尖，因而你可以在这里擦点香水。

■ 不要在阳光能够照射到的地方抹香水，酒精在曝晒下会在肌肤上留下斑点。如果真的想在阳光下享受香气，可选不含酒精的香熏沐浴露洗澡。

■ 当习惯了某一种香味后，你会不知不觉地比以往涂得更多。适宜的浓度是，让别人在一臂之间能够嗅到美妙的气味。

许多女人喜欢把香水喷在腋下或乳房上，这种做法非常不好。也有人喜欢把香水直接喷在衣服上，但这会使你的衣服变色。

另外，女人们还应该认识到一点，这是一位香水大师说过的话："我们制造玫瑰花香水，是为了让它衬托出女人的味道，而不是让每个女人闻起来都像玫瑰花。"很难说，是女人使香水馨香，还是香水使女人更香。世间最妙的是上帝要她们在一起升华，臻至完美。娇兰香水大师多佛有此结论："当你买了一瓶香水，你也买了一个梦想。"于是，女人天赋的浪漫，便因那些气味不同的香水，尽情地悠游在浪漫与幻想的国度。

书 目